Marco Perner

Mehr Zeit, Geld, Urlaub, Freizeit und Leben:

100 Ideen für automatisiertes, passives Einkommen

2., vollständig überarbeitete Auflage

MEHR ZEIT, GELD, URLAUB, FREIZEIT UND LEBEN

100

IDEEN FÜR AUTOMATISIERTES,

PASSIVES EINKOMMEN

MARCO PERNER

Impressum und Copyright

Mehr Zeit, Geld, Urlaub, Freizeit und Leben:
100 Ideen für automatisiertes, passives Einkommen

Autor: Marco Perner
Korrektorat: Mag. Nicole Reiter
Cover & Grafikdesign: Marco Perner
Bilder von Freepik auf www.freepik.com
Icons von Freepik auf www.flaticon.com

ISBN: 978-3-200-06483-6

Kontakt und Feedback: buch@marcoperner.com

Bibliografische Information der Österreichischen Nationalbibliothek

Die Österreichische Nationalbibliothek verzeichnet diese Publikation in der Österreichischen Bibliografie; detaillierte bibliografische Daten sind im Internet über https://www.onb.ac.at abrufbar.

Inhaltsverzeichnis

Vorwort ... 8
E-Book online verkaufen ... 10
Nischenprodukte auf Amazon ... 12
Fertige Logos verkaufen ... 14
Online-Kurse anbieten ... 16
Software programmieren ... 18
Vermietung von Equipment ... 20
Online-Shop mit Eigenmarke ... 22
Eigenmarke im Vertrieb ... 24
Kommissionsgeschäft mit Eigenmarke ... 26
Info-Website mit Werbung ... 28
Domains verkaufen oder vermieten ... 30
Verkaufsautomaten ... 32
Dropshipping-Shop ... 34
Vermietung mit Airbnb ... 36
T-Shirts online verkaufen ... 38
Eigener Affiliate-Online-Shop ... 40
Stock-Fotos verkaufen ... 42
App entwickeln ... 44
Immobilien vermieten ... 46
Affiliate-Nischen-Website ... 48
Kommissionsgeschäft über Online-Shop ... 50
Eigener YouTube-Kanal ... 52
Musik komponieren und verkaufen ... 54
Mit Outsourcing passiv verdienen ... 56
Produkte auf eBay verkaufen ... 58
Eigenes Buch auf Amazon ... 60
Plug-ins für Online-Shops und Websites ... 62
Privater Kreditverleih ... 64
Hörbuch verkaufen ... 66
Patente, Erfindungen und Lizenzen ... 68
Nischen-Forum betreiben ... 70
Digitale und physische Gütesiegel ... 72
Eigene Plattform für Stockfotos ... 74
Franchise-Unternehmen ... 76
Metasuchmaschine für Reisen ... 78
Eigenes Nischen-Hotelportal ... 80
App für Smart-TVs ... 82
Garagen oder Stellplätze vermieten ... 84

Crowdinvesting 86
Energieanlagen 88
Carsharing 90
Network-Marketing 92
Grafische Vorlagen verkaufen 94
SB-Waschanlagen 96
Geschäft, Kiosk oder Imbiss betreiben 98
Werbeflächen vermieten 100
Newsletter-Marketing 102
Eigene Website für Grafik-Ressourcen 104
Sonnenstudio 106
Abo-System mit Produkt 108
Stockvideos verkaufen 110
B2B-Software 112
Fitnessstudio ohne Personal 114
Abo-Systeme mit Dienstleistung 116
Lagerflächen vermieten 118
Spiele entwickeln 120
Nischen-Karriereportal 122
Umfragen und Statistiken 124
Freizeitartikel vermieten 126
Bilder und Kunst verkaufen 128
Aktienhandel 130
Gebrauchte Artikel verkaufen 132
Vermietung von Freizeitaktivitäten 134
Wohngemeinschaft gründen 136
Hardware entwickeln 138
Einrichtungen vermieten 140
Online-Partnervermittlung 142
Secondhandshop 144
Produkt mit Wiederkaufabsicht 146
Formulare, Verträge und Vorlagen verkaufen 148
Tourismus-Führungen 150
Klassischer Produktverleih 152
Brettspiele verkaufen 154
Eigenes MLM-System 156
Co-Working-Spaces 158
Vermietung von Sanitäranlagen 160
Mobiler Verkauf 162

Online-Produktverleih 164
SB-Tankstellen 166
Eigener Nischen-Blog 168
Vermietung von Nutztieren 170
Eigene White-Label-Produkte 172
Schriftarten verkaufen 174
Fotoautomaten 176
Handgemachte oder personalisierte Produkte 178
Autohandel 180
E-Mail-Adressen vermieten 182
Bestehendes Unternehmen kaufen 184
Locations vermieten 186
Eigener Online-Marktplatz für Gebrauchtes 188
Podcast starten 190
Landwirtschaftliche Nutzfläche vermieten 192
Merchandise verkaufen 194
Waschsalon betreiben 196
Unterricht, Weiterbildungen und Kurse 198
Baumaschinen verleihen 200
Monatliche Einnahmen durch Patreon 202
Eigenes Online-Bezahlsystem 204
Direktvertrieb mit Abonnement 206
Eigene CMS-Software entwickeln 208
Zeit für deine Erfolgsgeschichte 210
Notizen | Deine Ideen für passives Einkommen 212

Vorwort

REICH WERDEN IN 2 TAGEN OHNE ARBEIT

Moment - wer hat diese Überschrift hier platziert?

Nein, so ein Buch ist das nicht. Ich verspreche dir nicht, ohne Aufwand ein Vermögen aufzubauen - wie alltägliche Spam-Mails oder unseriöse Werbeanzeigen im Internet. In diesem Buch zeige ich vielmehr erprobte, bekannte und auch außergewöhnliche Wege, wie man in verschiedensten Branchen mit dem Aufbau eines automatisierten Unternehmens passives Einkommen erwirtschaften kann.

Für Neueinsteiger möchte ich das Prinzip gerne näher erklären: Im Gegensatz zum klassischen Einkommen wie in einem Arbeitsverhältnis ist passives Einkommen nicht direkt mit der eingesetzten Arbeitszeit oder dem Aufwand verknüpft und somit beliebig skalierbar. So kann man zum Beispiel ein digitales Produkt erstellen und verkaufen - der Arbeitsaufwand ist einmalig, das Produkt kann aber beliebig oft verkauft werden. Als Angestellter kann man hingegen immer nur soviel verdienen, wie man auch tatsächlich arbeitet.

Ziel dieses Buchs ist es also, deine Lebens- und Zeitgestaltung unabhängig von deinem Einkommen zu machen. Das ist übrigens auch eine der besten Möglichkeiten, Millionär zu werden - denn wer lediglich seine Zeit gegen Geld tauscht, hat immer eine Grenze nach oben. Dabei solltest du vor allem Motivation und Zeit mitbringen, denn die meisten Methoden für passives Einkommen verlangen nach beidem. Ja, der Aufbau einer regelmäßigen und bestenfalls lebenslangen Einnahmequelle kann dauern. Aber ich habe eine gute Nachricht für dich: Jeder, der es wirklich will, wird es schaffen - so zumindest mein Glaube.

Auf den folgenden Seiten zeige ich dir 100 Geschäftsmodelle, die nach erfolgreichem Aufbau ein Einkommen ohne Aufwand versprechen. Zusammen schauen wir uns unterschiedlichste Wege und Methoden an - mit niedrigen oder hohen Startkapitalien, von leichter bis schwerer Realisierung und von langsamer bis schneller Umsetzungsdauer. Dabei ist vor allem auch deine Kreativität und Vorstellungskraft gefragt. Halte beim Lesen des Buchs immer etwas zum Schreiben parat und probiere, die Ideen auf deine eigenen Fähigkeiten, deine Umgebung oder dein Spezialgebiet anzuwenden. Am Ende des Buchs habe ich einige Vorlagen für deine eigenen Ideen bzw. Abwandlungen eingefügt - du kannst sie dort jederzeit aufschreiben und später auswerten.

Mache nicht den beliebten Fehler, eine neue Idee nicht zu notieren, auch wenn sie vorerst ungewöhnlich oder gar verrückt klingt. Im ersten Schritt zählt nur der Gedanke und die Idee selbst, später bleibt immer noch Zeit für die Überlegung der konkreten Umsetzung oder für Anpassungen. Oft sind es genau diese ungewöhnlichen Ideen, aus denen sich später ein Geschäftsmodell entwickeln lässt. Ich wünsche dir nun viel Spaß beim Lesen - und denke daran:

Alles beginnt mit (d)einer Idee.

Marco Perner

E-Book online verkaufen

Beginnen wir mit einem Klassiker: Ein eigenes E-Book online verkaufen. Es verlangt weder nach einem hohen Startkapital, noch ist es in den meisten Fällen sonderlich schwer - es kostet lediglich Zeit für das Verfassen. Zum erfolgreichen Verkauf sollte das digitale Buch der Zielgruppe unbedingt einen einzigartigen Mehrwert oder eine überzeugende Expertise zum gewünschten Wissen bieten, zudem auch die Konkurrenz in diesem Gebiet sehr groß ist.

Denke also über einen speziellen Bereich nach, auf dem du ein Experte bist oder wertvolle Erfahrungen, Anleitungen und Tipps mit einer interessierten Zielgruppe teilen kannst. Im Idealfall findest du womöglich eine Nische, für die noch ein Informationsprodukt wie ein E-Book fehlt und sehr gefragt wäre. Zeit ist kostbar und deshalb empfiehlt es sich, nur dann ein E-Book zu schreiben, wenn man einen tatsächlichen Bedarf bzw. ein Potenzial am Markt erkennt und auf dem entsprechenden Gebiet nützliche Informationen weitergeben kann. Natürlich kann es sich auch um eine Erzählung, einen Roman oder einen Thriller handeln, für die kein Expertenstatus oder ausgeprägtes Wissen vorausgesetzt wird - sondern nur Einfallsreichtum und spannende Storys.

Sobald du dein E-Book fertiggestellt hast, kannst du es auf verschiedenen Vertriebskanälen anbieten, wie einer eigenen Website oder auf Plattformen wie Amazon Kindle. Diese bieten oft auch Unterstützung für neue Autoren an und helfen dabei, das eigene Buch erfolgreich zu veröffentlichen und zu verkaufen. Falls du einen eigenen Online-Shop betreibst, richte ihn so ein, dass das E-Book und die Rechnung nach dem Kauf automatisiert gesendet werden. Schließlich ist die Automatisierung das A und O des passiven Einkommens - damit kann man Prozesse von der eigenen Arbeitszeit lösen und zeitliche sowie finanzielle Freiheit schaffen.

Damit die angestrebte Zielgruppe auf dein neues Produkt aufmerksam wird, empfehlen sich verschiedene Marketingkanäle wie Google Ads, Social Media Werbung oder Content-Marketing. Rühre die Werbetrommel und lasse alle Menschen wissen, was dein Werk zu bieten hat. Und wer weiß - vielleicht wird dein Werk sogar der nächste Bestseller? Es spricht jedenfalls nichts dagegen.

STARTKAPITAL
SCHWIERIGKEIT
DAUER
KUNDEN
MARKETING
WEBSITE
AMAZON KINDLE
AFFILIATES
E-BOOK
PASSIVES EINKOMMEN

Nischenprodukte auf Amazon

Der beliebte Online-Händler Amazon bietet mit FBA (Fulfillment by Amazon) eine große Chance für passives Einkommen. Allerdings gibt es dadurch auch enorm viel Konkurrenz und jede Menge Produkte auf der Plattform. Die Kunst besteht deshalb darin, eine Nische bzw. eine Nachfrage auf Amazon zu finden, die gar nicht oder zumindest noch nicht stark umkämpft ist.

Diverse Online-Tools zur Keyword-Recherche helfen dabei, Suchbegriffe der Kunden auf Amazon zu analysieren und so eventuell auf Bereiche zu stoßen, für die noch keine, wenige, oder nur schlecht bewertete Produkte verfügbar sind. Sobald du eine passende Nische entdeckt hast, mache dich auf die Suche nach einem geeigneten Hersteller für das Produkt und lasse es - bestenfalls unter einer Eigenmarke - produzieren. Dank des Internets lassen sich dafür leicht Hersteller im In- und Ausland finden, wie zum Beispiel über die B2B-Handelsplattform Alibaba.

Registriere dich anschließend für das Verkäufer-Programm von Amazon (Seller Central) und sende die Artikel an eines der Lagerhäuser - somit kann dein Produkt automatisiert von Amazon versendet werden, ohne dass es nach deiner Zeit oder Anwesenheit verlangt. Erziele mit Werbung erste Verkäufe und beginne damit, Bewertungen für das Produkt zu sammeln. Gerade auf Plattformen wie Amazon sind Rezensionen von Käufern oftmals ein entscheidendes Kaufkriterium.

Wer kauft schließlich schon gerne etwas auf Amazon mit gar keinen oder nur schlechten Bewertungen? Sorge deshalb dafür, dass sich deine Artikel auf der Plattform von ihrer besten Seite zeigen und du wirst dadurch bald eine passive Einnahmequelle haben.

Sobald ein Artikel von dir auf einem der Amazon Marktplätze verkauft wird, erhältst du die Verkaufssumme abzüglich Provision und Versandkosten. Berechne diese deshalb in deiner Preiskalkulation unbedingt mit ein. Da Amazon die ganze Arbeit für dich übernimmt, wie auch Retoursendungen, den Kundensupport und die Rechnungslegung, musst du nur gelegentlich die vorrätige Stückzahl im Amazon Lagerhaus überprüfen und auffüllen.

STARTKAPITAL
SCHWIERIGKEIT
DAUER
KUNDEN
MARKETING
GESPONSERTE PLATZIERUNGEN
AMAZON.FR
AMAZON.DE
AMAZON.IT
PRODUKT
PASSIVES EINKOMMEN

Fertige Logos verkaufen

Jedes Unternehmen braucht es - ein eigenes Logo, das die Firma repräsentiert und einen Wiedererkennungswert bei Kunden schafft. Es gibt dem Betrieb eine Identität, differenziert die eigenen Produkte und Leistungen klar von der Konkurrenz und ermöglicht es Kunden, sich ein Unternehmen bzw. eine Marke visuell einzuprägen.

Während hauptsächlich neue Unternehmen nach einem passenden Logo suchen, gibt es auch viele Firmen, deren Logo nicht mehr zeitgemäß ist und die deshalb eine Erneuerung oder Neuausrichtung ihres Erscheinungsbildes wünschen. Dazu kann man einerseits eine Werbe- oder Grafikagentur mit der Erstellung beauftragen, was oft sehr kostenintensiv sein kann, oder einfach im Internet ein neues Logo kaufen oder designen lassen. Beliebte Online-Marktplätze dafür sind Envato, 99designs, Fiverr oder Freelancer. Aber auch eine eigene Website, die ausschließlich Logos für Unternehmen anbietet, kann durchaus interessant sein - vor allem dann, wenn sie auf eine spezielle Branche oder Nische ausgerichtet ist.

Der Nachteil für Unternehmen ist dabei aber, dass die Logos meist beliebig oft an verschiedene Kunden verkauft werden. Und wer möchte schon ein Logo führen, das auch unzählige Konkurrenzbetriebe haben? Während es manche kleine Unternehmen nicht stören mag, ist es für andere Kunden ein absolutes No-Go.

Die Lösung für dieses Problem wäre das Anbieten exklusiver Logos auf der eigenen Website - das heißt, jedes Design wird nur einmalig an einen Kunden verkauft und danach im Online-Shop ausgeblendet oder als vergeben markiert. In diesem Fall könnte man den Artikeln im Online-Shop einfach einen Lagerbestand zuweisen, so werden sie automatisch nach dem ersten Verkauf ausgeblendet.

Dadurch können sich Kunden sicher sein, ein einzigartiges Logo zu erhalten - zumindest wenn die Internet-Präsenz auch die dementsprechende Seriosität und Professionalität suggeriert. Wie jeder Vertrieb von einem digitalen Produkt lässt sich auch dieses Geschäftsmodell leicht automatisieren, sobald man ausreichende Logos zur Verfügung hat oder einen externen Anbieter mit deren Gestaltung beauftragt.

STARTKAPITAL
SCHWIERIGKEIT
DAUER
UNTERNEHMEN
MARKETING
SUCHMASCHINEN
DIREKTVERKAUF
EIGENE WEBSITE
LOGO-PLATTFORMEN
KAUF
PROVISION
PASSIVES EINKOMMEN

Online-Kurse anbieten

Eine weitere Möglichkeit für passives Einkommen bieten Online-Lernkurse. Wenn du ein Gebiet hast, auf dem du ein Experte bist oder einiges an Erfahrung und Wissen vorzuweisen hast, kannst du daraus einen eigenen Online-Kurs erstellen.

Dieser kann komplett online und interaktiv angeboten werden, oder aber auch offline mit einem Set von Hörbüchern, Videos oder E-Books zum Download. Wichtig dabei ist jedenfalls, dass der komplette Zahlungs- und Kaufvorgang automatisiert stattfindet - damit schafft man das Fundament für passives Einkommen. Zu unserem Glück unterstützen mittlerweile viele Online-Shop-Systeme diese Art von digitalen Produkten.

Beliebte Themen für Online-Kurse sind zum Beispiel Grafik und Design, Fotografie, Programmieren, Marketing, Musikproduktion, Instrumente, Wissenschaft, Rechnungswesen, Unternehmertum oder Gesundheit und körperliche Fitness. Schreibe die besten Lektionen deines Expertengebietes nieder und veröffentliche sie in einem digitalen Paket - natürlich mit ansprechendem Design versteht sich.

Die Kosten halten sich sehr gering, wenn du schon entsprechendes Equipment wie eine Kamera oder Mikrofon besitzt - lediglich die Kosten für den Internetauftritt, Marketing und - falls benötigt - einer Agentur oder eines Freelancers für die Grafikerstellung fallen für die Produktion an.

Wenn dein Kurs gut bei der Zielgruppe ankommt, solltest du dir auch überlegen, dein Werk in anderen Sprachen anzubieten. Im Internet findest du dafür leicht Sprecher für Audiodateien und Übersetzer für Texte in jeder gewünschten Sprache. Im eigenen (mehrsprachigen) Online-Shop oder auf geeigneten Plattformen, wie etwa der E-Learning-Plattform Udemy, könntest du die Online-Kurse anschließend veröffentlichen und automatisiert verkaufen.

Je nach Zielgruppe eignet sich Werbung in sozialen Medien oder verschiedenen Suchnetzwerken - aber auch Kooperationen mit einem oder mehreren branchenspezifischen Unternehmen oder Persönlichkeiten wären durchaus interessant.

STARTKAPITAL
SCHWIERIGKEIT
DAUER
KUNDEN
MARKETING
AFFILIATES
INFLUENCER
WEBSITE
VERKAUFSPORTALE
ONLINE-KURS
PASSIVES EINKOMMEN

Software programmieren

Wer Kenntnisse in der Programmierung von Software oder das Budget für die Beauftragung eines Entwicklers zur Verfügung hat, kann mit diversen Möglichkeiten für passives Einkommen sorgen.

Zum Beispiel mit einem Programm, das dem Anwender Zeit spart, die Arbeit erleichtert oder der Unterhaltung dient. Beliebte Kategorien bei Software sind Antivirus, Audio, Grafik, Video, Office, Datei-Konverter, Internet-Browser, Brennprogramme und Speed-Tools. Die gefragten Themen unterliegen natürlich einem stetigen Wandel, da sich die Technik in vielen Bereichen schnell weiterentwickelt - auf eine ausführliche Recherche über die Bedürfnisse und Wünsche der Zielgruppe sollte man daher nicht vergessen.

Wie so oft bei digitalen Produkten zahlt sich vor allem eine kostenlose Version mit Werbung und optionalen Abo-Modell aus, das durch eine monatliche Nutzungsgebühr zum Beispiel erweiterte Funktionen oder das Ausblenden von Werbung ermöglicht. Aber auch der Kauf durch eine einmalige Gebühr kann sich lohnen, besonders wenn man Software für einen Nischenbereich entwickelt.

Dabei kann man nicht nur mit der Neuentwicklung von Programmen verdienen, sondern auch mit Erweiterungen für bestehende Programme - wie etwa mit Plug-ins für das Audioprogramm FL-Studio oder Erweiterungen für den Internet-Browser Google Chrome.

Wie man sieht, sind die Chancen groß, wenn man sich erst einmal das Handwerk und Wissen des Programmierens angeeignet hat. Aber auch ohne entsprechende Kenntnisse kann man durch die Hilfe von Online-Kursen und Tutorials mit der Programmierung einfacher Software starten - hier hilft zum Beispiel die Lern-Plattform Codecademy. Diese bietet mit kostenlosem Online-Unterricht, Lernkursen und Übungseinheiten für viele Programmiersprachen jedem die Chance, sich die entsprechenden Fertigkeiten für das Erstellen von Software anzueignen.

Insofern man also die notwendige Motivation und Geduld mitbringt, kann man auch ohne Vorkenntnisse programmieren lernen und anschließend Anwendungen für passives Einkommen entwickeln.

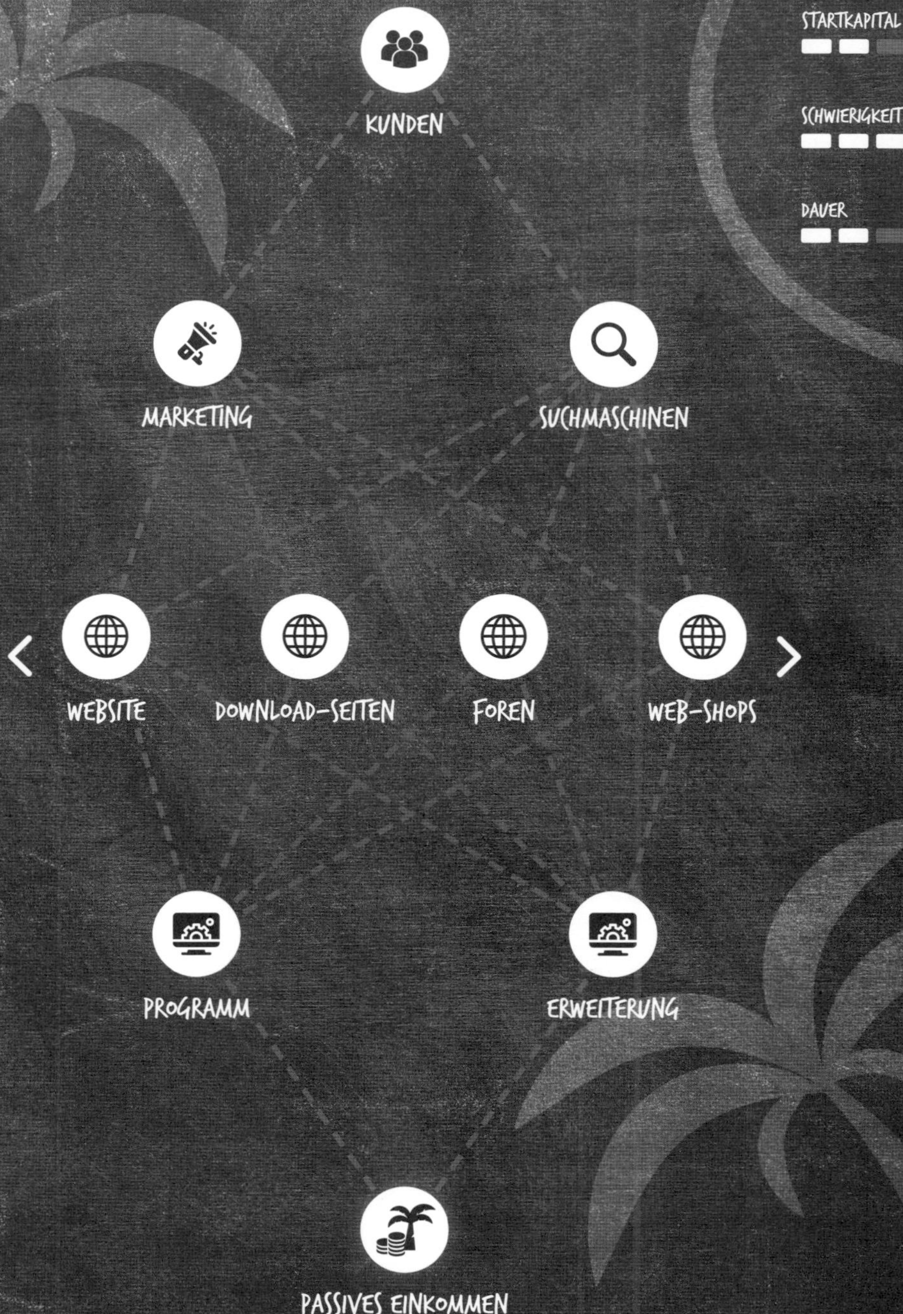
STARTKAPITAL
SCHWIERIGKEIT
DAUER
KUNDEN
MARKETING
SUCHMASCHINEN
WEBSITE
DOWNLOAD-SEITEN
FOREN
WEB-SHOPS
PROGRAMM
ERWEITERUNG
PASSIVES EINKOMMEN

Vermietung von Equipment

Eine einfache und passive Zusatzeinnahmequelle ist das Vermieten von Ausrüstung - wie zum Beispiel Foto-Equipment, Messestände oder Elektronik-Geräten. Kunden können das gewünschte Equipment online auf deiner Website oder einem Portal reservieren und erhalten es ohne deine Anwesenheit von einer externen Firma per Zustellung oder Abholung. Diese nehmen es nach dem Gebrauch auch wieder von den Kunden entgegen und kümmern sich um die Wartung, Abrechnung und Vorbereitung für den nächsten Verleih.

Ein anschauliches Beispiel wäre die Vermietung von Airsoft-Equipment. Interessenten können online professionelle Spielwaffen, Munition und Schutzkleidung bestellen und die Ausrüstung anschließend wieder retournieren. Nach einer Prüfung und Reinigung folgt die Rechnungsstellung durch den externen Partner und die Gegenstände werden zur nächsten Vermietung freigegeben. Eine andere Idee wäre das Verleihen von Foto- und Video-Equipment. Fotografen, die noch keine entsprechende Ausrüstung besitzen, können sich online eine hochwertige Kamera, Objektive, Blitz-Systeme oder gar eine Drohne für Aufnahmen mieten und senden diese nach dem gebuchten Zeitraum wieder an den Partner für die Abwicklung, Wartung und Rechnungsstellung zurück. Als Zahlungsmethode könnte man sich dabei auf die sofortige Online-Zahlung vor dem Ausleihen beschränken, wodurch das Risiko eines Zahlungsausfalls oder Betrugs minimiert wird. Zudem könnte eine Kaution für zusätzliche Sicherheit sorgen, die im Ernstfall die Selbstbeteiligungskosten der Versicherung decken.

Wenn man allerdings noch keine entsprechenden Gegenstände zur Vermietung besitzt, kann die Beschaffung in vielen Fällen teuer werden. Schließlich handelt es sich meistens um Profi-Ausrüstung - wären es nur günstige Artikel, wäre die Nutzungsgebühr und der Gewinn entsprechend gering und auch die Zielgruppe würde wahrscheinlich keinen Vorteil darin sehen, etwas zu mieten, das sie sich eigentlich gleich kaufen könnten. Wobei es sicher auch Situationen und Möglichkeiten gibt, günstiges Equipment um einen hohen Preis zu vermieten - vor allem im Tourismus, da Reisenden die Zeit fehlt, selbst eine Ausrüstung oder Alternative zu organisieren und sie in Folge meist einen höheren Preis im Urlaub tolerieren.

STARTKAPITAL

SCHWIERIGKEIT

DAUER

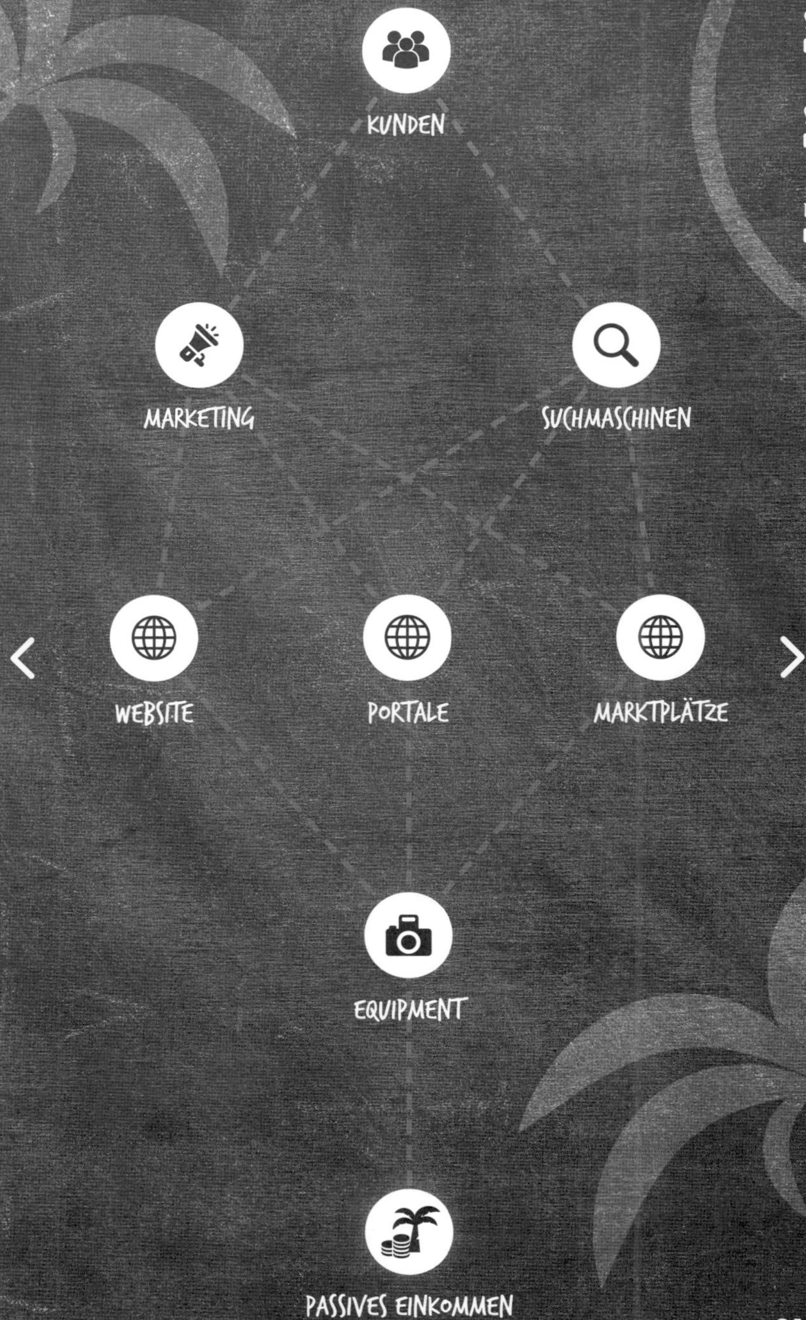

Online-Shop mit Eigenmarke

Neben dem Verkauf oder der Vermittlung von fremden Produkten sind eigene Marken mehr als nur ein heißer Tipp, um im Internet passiv Geld zu verdienen.

Während man sich bei fremden Artikeln meist den Preisen des Händlers, des Herstellers oder der Konkurrenz anpassen muss, kann man bei Produkten einer selbst kreierten Marke alles in die eigene Hand nehmen und entscheiden. Außerdem können Konkurrenzbetriebe nicht die Artikel der eigenen Marke anbieten - es sei denn, man verkauft sie ihnen im Zuge einer B2B-Vertriebspartnerschaft und gestattet es ihnen, die Produkte zu vertreiben. So zahlreich die Vorteile einer Eigenmarke auch sind, man muss auch die Schattenseite beachten - eine neue Marke muss sich oft erst am Markt etablieren und die Produkte sollten genügend Kaufentscheidungskriterien erfüllen, um Kunden zum Kauf der neuen Marke zu bewegen.

Zudem ist die Entwicklung und Herstellung neuer Produkte oft durch hohe Mindestbestellmengen zeit- und kostenintensiv. Hinzu kommen eventuell einmalige Einrichtungskosten der Produktionsmaschinen oder die anfänglichen Kosten für die Herstellung von bestimmten Werkzeugen für die Fertigung.

Die Vorteile und Chancen gegenüber dem Verkauf von Fremdmarken überzeugen aber meist trotzdem - schließlich gibt es sonst auch günstigere Wege zur eigenen Marke: Viele Hersteller bieten neben der Private Label (Produktherstellung nach deinen Vorgaben) auch die sogenannte White-Label-Produktion an. Hier wird ein bestehendes Produkt des Herstellers in deinem Design und mit deiner Marke etikettiert und du kannst schnell mit dem Verkauf deiner eigenen Produkte beginnen.

Hierbei sparst du dir die gesamten Entwicklungskosten für ein neues Produkt sowie oft auch hohe Mindestbestellmengen, allerdings ist der Einkaufspreis in der Regel wesentlich höher. Zudem sollte man beachten, dass auch Konkurrenzbetriebe genau dieselben Produkte für ihre Marke vom White-Label-Hersteller beziehen und vertreiben können - ein besonderes Alleinstellungsmerkmal darf bei dieser Vorgehensweise daher nicht fehlen.

STARTKAPITAL

SCHWIERIGKEIT

DAUER

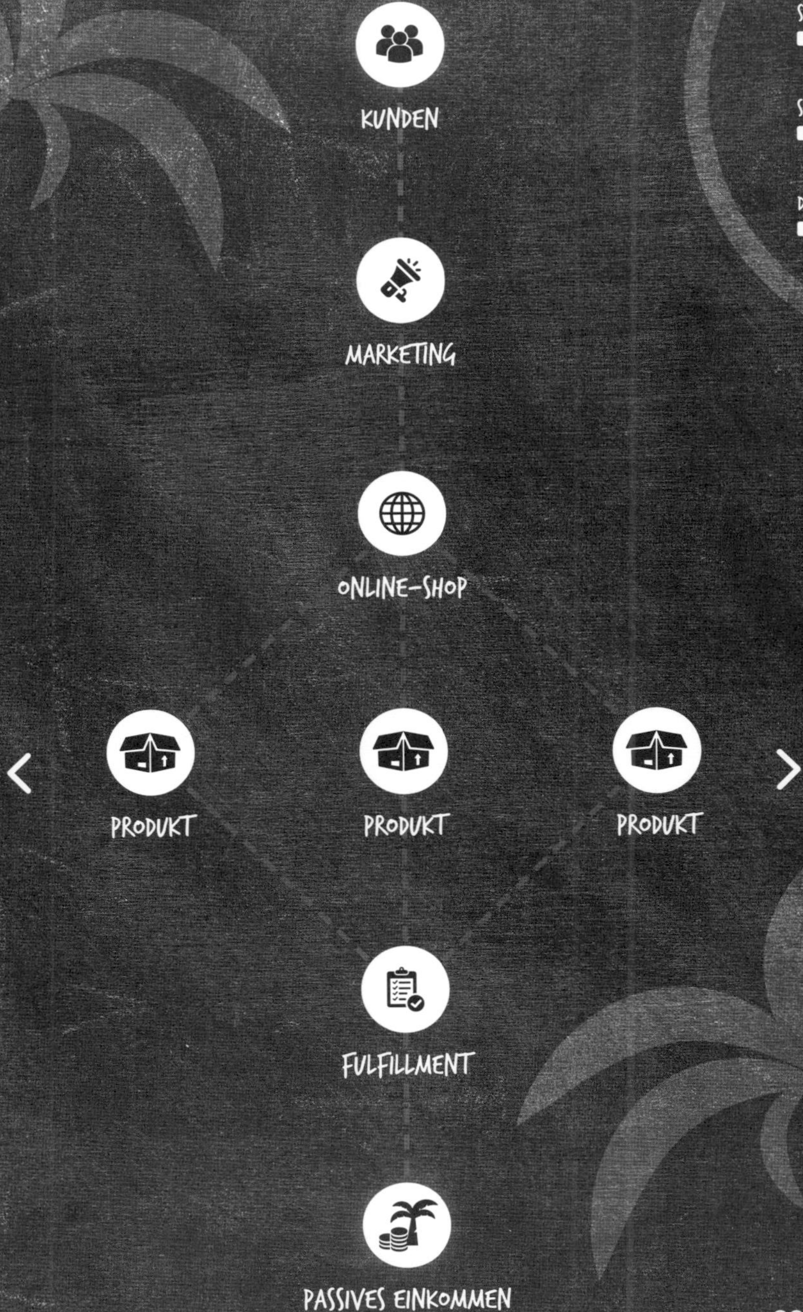

Eigenmarke im Vertrieb

Eine der effektivsten und besten Methoden für passives Einkommen ist der Verkauf einer Eigenmarke über ein Vertriebsnetzwerk. Nehmen wir als Beispiel eine neuartige Zahnseide mit Schoko-Geschmack, die du entwickelt hast - zuckerfrei versteht sich. Sie soll Erwachsenen und vor allem Kindern die öftere Verwendung von Zahnseide durch den außergewöhnlichen Geschmack näherbringen.

Durch Kaltakquise und Marketing im On- und Offline-Bereich baust du ein länderübergreifendes Netzwerk aus Zahnärzten auf, die das Produkt in ihrer Praxis zum Verkauf ausstellen und so an ihre Patienten mit Provision weiterverkaufen. Zudem machst du verschiedene Drogerieketten und Geschäfte auf dein neuartiges, innovatives Produkt aufmerksam und erwirkst so schließlich einige Kooperationen. Über einen B2B-Shop können die Vertriebspartner jederzeit zu einem von dir festgelegten Einkaufspreis nachbestellen.

Deine Produkte und somit die Logistikprozesse übergibst du an einen externen Fulfillment-Partner, der sowohl die Lagerung, als auch den Versand aller Produkte übernimmt. Im Idealfall kümmert sich dieser auch um retournierte Artikel und Kundenfragen - die Rechnungsstellung folgt automatisiert über den Online-Shop.

Wie man sieht, kann man den Vertrieb einer Eigenmarke relativ passiv gestalten - trotzdem sollte man sich je nach Produkt aber manchmal etwas Zeit nehmen, um den Verkauf vor Ort bei den Vertriebspartnern zu unterstützen - zum Beispiel mit Produktdisplays, Poster oder Rabattaktionen.

Da die Vertriebspartner auch vom Verkauf profitieren möchten (und müssen), sollte stets eine großzügige Provision für die Betriebe einkalkuliert werden. Wenn die Marge zu niedrig ist, werden potenzielle Kooperationspartner wohl keinen Vorteil darin sehen, deine Produkte zu verkaufen.

Im Vordergrund steht daher immer eine Win-Win-Situation für beide beteiligten Geschäftspartner - und letztlich natürlich auch für die Kunden. Das ist die Grundlage für eine langfristige und erfolgreiche Zusammenarbeit mit externen Vertriebspartnern.

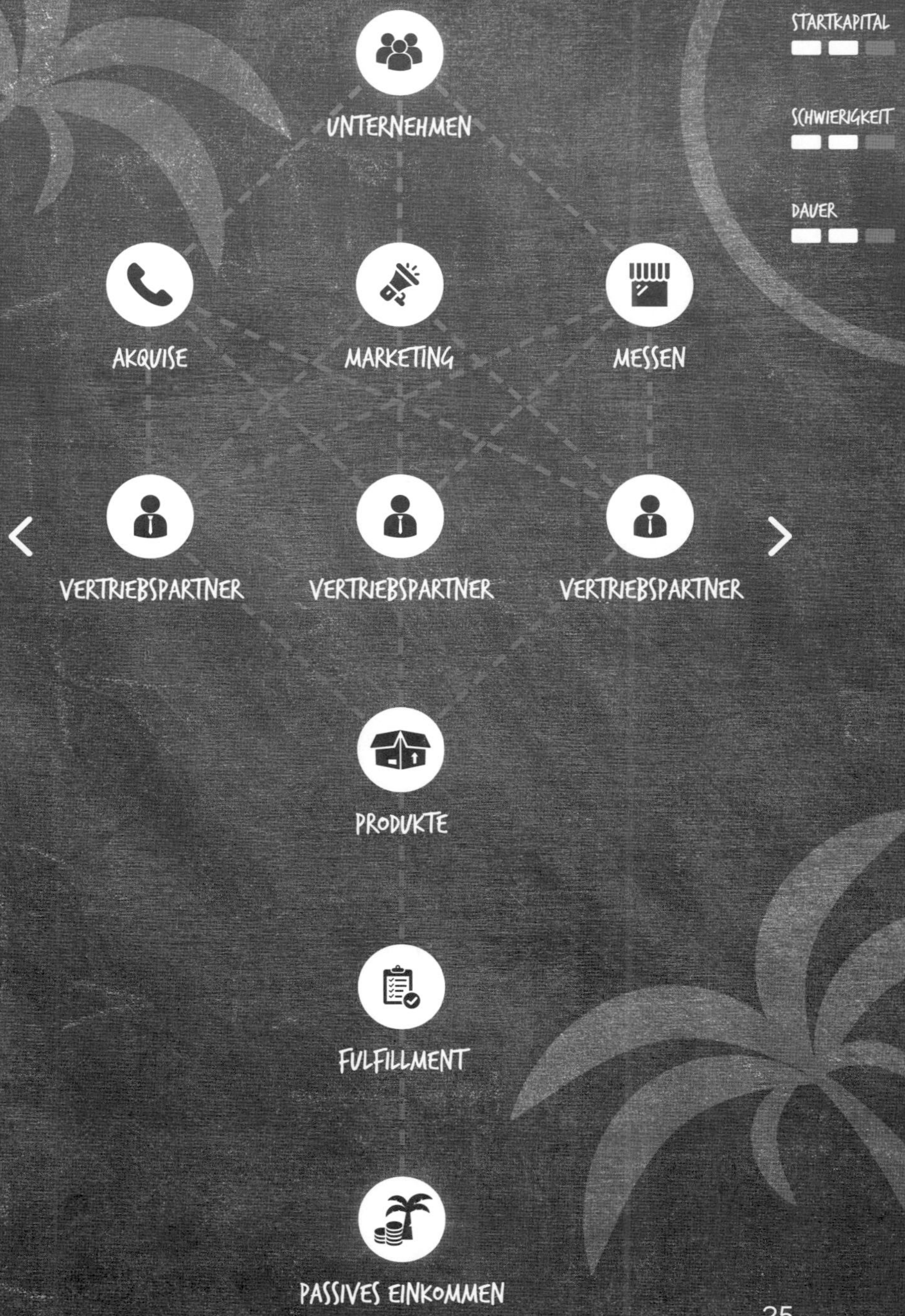

STARTKAPITAL
SCHWIERIGKEIT
DAUER
UNTERNEHMEN
AKQUISE
MARKETING
MESSEN
VERTRIEBSPARTNER
VERTRIEBSPARTNER
VERTRIEBSPARTNER
PRODUKTE
FULFILLMENT
PASSIVES EINKOMMEN

Kommissionsgeschäft mit Eigenmarke

Im Prinzip ist diese Methode für passives Einkommen gleich aufgebaut wie der Verkauf einer Eigenmarke über ein Vertriebsnetzwerk - nur handelt es sich hier um eine besondere Zahlungsart, weshalb ich dieser Idee auf jeden Fall einen eigenen Platz widmen will.

Während im klassischen Vertrieb die Ware meist vorab oder innerhalb einer Zahlungsfrist vom B2B-Partner bezahlt wird, stellt man hier die Produkte dem Verkaufspartner auf Kommission - also komplett kostenlos - zur Verfügung. Kommt es zu Verkäufen, so erhält man den im Kommissionsvertrag festgelegten Preis und der Verkaufspartner, der Kommissionär, die vereinbarte Provision. Diese Auszahlung geschieht meist wöchentlich, monatlich oder nach Erreichen einer festgelegten, verkauften Stückzahl.

Im Gegensatz zum klassischen B2B-Kauf stehen die Chancen, schnell viele Vertriebspartner zu finden, mit einem solchen Kommissionsmodell um einiges besser - schließlich ist es für diese komplett kostenlos und daher mit keinem Risiko verbunden.

Dieses liegt also gewissermaßen bei dir - so kann es passieren, dass Partner ihr Geschäft schließen, deren Betrieb von anderen Personen oder Firmen übernommen wird, sie nicht antworten, nicht zahlen oder gegen den Vertrag verstoßen und man infolgedessen seine Produkte das letzte Mal gesehen hat.

Falls du also dieses Geschäftsmodell in Erwägung ziehst, halte am besten alle möglichen Szenarien und deren Lösung im Kommissionsvertrag fest. Rufe dir stets in Erinnerung, dass beim Kommissionsgeschäft das volle Risiko auf deiner Seite liegt und du dich dementsprechend absichern solltest.

Allerdings können zu hohe Sicherheitsvorkehrungen wie lange Verträge und vielfältige Bedingungen abschreckend auf mögliche Vertriebspartner wirken - diesen Aspekt sollte man berücksichtigen.

Da man vorab zahlreiche Produkte ohne Bezahlung an viele Verkaufspartner bereitstellen bzw. liefern muss, setzt diese Methode einen größeren Lagerbestand und damit ein höheres Startkapital voraus.

STARTKAPITAL
SCHWIERIGKEIT
DAUER
UNTERNEHMEN
AKQUISE
MARKETING
MESSEN
VERTRIEBSPARTNER
VERTRIEBSPARTNER
VERTRIEBSPARTNER
PRODUKTE
FULFILLMENT
ABRECHNUNG
PASSIVES EINKOMMEN

Info-Website mit Werbung

Wer kennt es nicht: Will man mal eben schnell etwas zu einem bestimmten Thema wissen, gibt man den Suchbegriff im Internet ein - und binnen weniger Sekunden hat man meist schon eine Website gefunden, die sich genau mit dem gesuchten Themenbereich beschäftigt. Solche Info-Websites und deren Betreiber finanzieren sich in den meisten Fällen ausschließlich von Werbeanzeigen und Verträgen mit Kooperationspartnern.

Wie bei einem E-Book oder Online-Kurs teilt man hier sein Wissen in einem speziellen Gebiet - nur öffentlich und kostenlos zugänglich. Für die großen und allgemeinen Bereiche wie zum Beispiel Gesundheit, Kochen oder Computer gibt es meist schon mehr als genug Websites - oft sind es die kleinen, speziellen Bereiche und Nischen innerhalb dieser großen Kategorien, für die es noch keine, nur wenige oder nur unzureichende Informationsquellen gibt.

Als Beispiel zum Thema Kochen - wie wäre es mit einer Website, die sich ausschließlich mit Gewürzen, deren Herkunft und Geschmacksnoten beschäftigt? Oder zum Thema Computer - könnte eine Info-Website, die sich nur mit Grafikkarten sowie deren Leistung und Preisen befasst, womöglich auf viele Suchanfragen und eine begeisterte Community treffen?

Mit der richtigen Nische und Idee wird die Website früher oder später von der Zielgruppe durch gute Suchmaschinenoptimierung (SEO) gefunden und man verdient ganz ohne Aufwand bei jedem Klick auf Werbeanzeigen mit. Diese können durch ein Werbenetzwerk wie Google Adsense eingebunden und automatisiert geschaltet werden - alternativ kann man sich auch auf einen einzelnen oder wenige Partner festlegen, denen man vertraglich das exklusive Recht auf die Einblendung von Werbeanzeigen gewährt. Dazu könnte man einfach - sobald die neue Website etwas an Bekanntheit gewonnen hat - passende Unternehmen in der Branche im Direktverkauf eine Zusammenarbeit anbieten.

Gerade bei Nischen ist Werbung für diese hochinteressant, da die Zielgruppe sehr präzise bestimmt werden kann und die Anzeigen damit eine hohe Konversionsrate bieten.

KUNDEN
SUCHMASCHINEN
INFO-WEBSITE
WERBENETZWERK
WERBEANZEIGEN
GESPONSERTE LINKS
PASSIVES EINKOMMEN
STARTKAPITAL
SCHWIERIGKEIT
DAUER

Domains verkaufen oder vermieten

Bestimmt ist es dir schon selbst passiert - man checkt einige Domains auf die Verfügbarkeit für eine neue Idee und stößt auf eine geparkte bzw. reservierte Domain. Der Inhaber bittet um Kontaktaufnahme und macht einem ein (meist utopisches) Angebot für die Übernahme der Webadresse. Oder ein Unternehmen besitzt die Domain und veröffentlicht direkt unter der gefragten Adresse den festgelegten Preis.

Da die kurzen Domains mit beliebten Endungen (wie .com) immer seltener werden, nutzen mehr und mehr private Anbieter und Unternehmen diese Chance für passives Einkommen. Zudem werden immer wieder neue generische (wortbezogene) oder länderspezifische Top-Level-Domains - wie die Domainendungen hauptsächlich genannt werden - eingeführt, wie zum Beispiel .app oder .gmbh.

Sehr kostenintensiv ist diese Methode nicht, da nur die Domain - also nur die Webadresse - reserviert, aber kein Webspace oder Ähnliches gekauft werden muss, was wesentlich teurer wäre. Eine Weiterleitung auf ein Kontaktformular beim Aufruf der gewünschten Adresse würde zudem für den Anfang genügen. Die Kosten für eine Domain bewegen sich je nach Domainendung meist im unteren, zweistelligen Bereich pro Jahr und werden an den jeweiligen Provider bezahlt. Es versteht sich von selbst: Je mehr gefragte Domains in deinem Besitz sind, umso größer sind die Verkaufschancen.

Wann und ob diese Methode also passives Einkommen einbringen wird, hängt von der Attraktivität und Anzahl der reservierten Domains ab. Glück und Geduld solltest du aber jedenfalls mitbringen - deshalb eignet sich dieses Geschäftsmodell meist nur begleitend mit anderen Einnahmequellen.

Durch die Beobachtung aktueller Trends, Weiterentwicklungen von bestehenden Unternehmen, Neugründungen oder dem Suchen von Schachtelwörtern und Wortkombinationen findet man Domains, die eventuell bald für jemanden von Interesse wären. Setzt man auf das richtige Pferd, so kann dieses Geschäftsmodell zu Reichtum führen - das war in der Vergangenheit für Inhaber besonders attraktiver Domains bereits öfters der Fall.

STARTKAPITAL

SCHWIERIGKEIT

DAUER

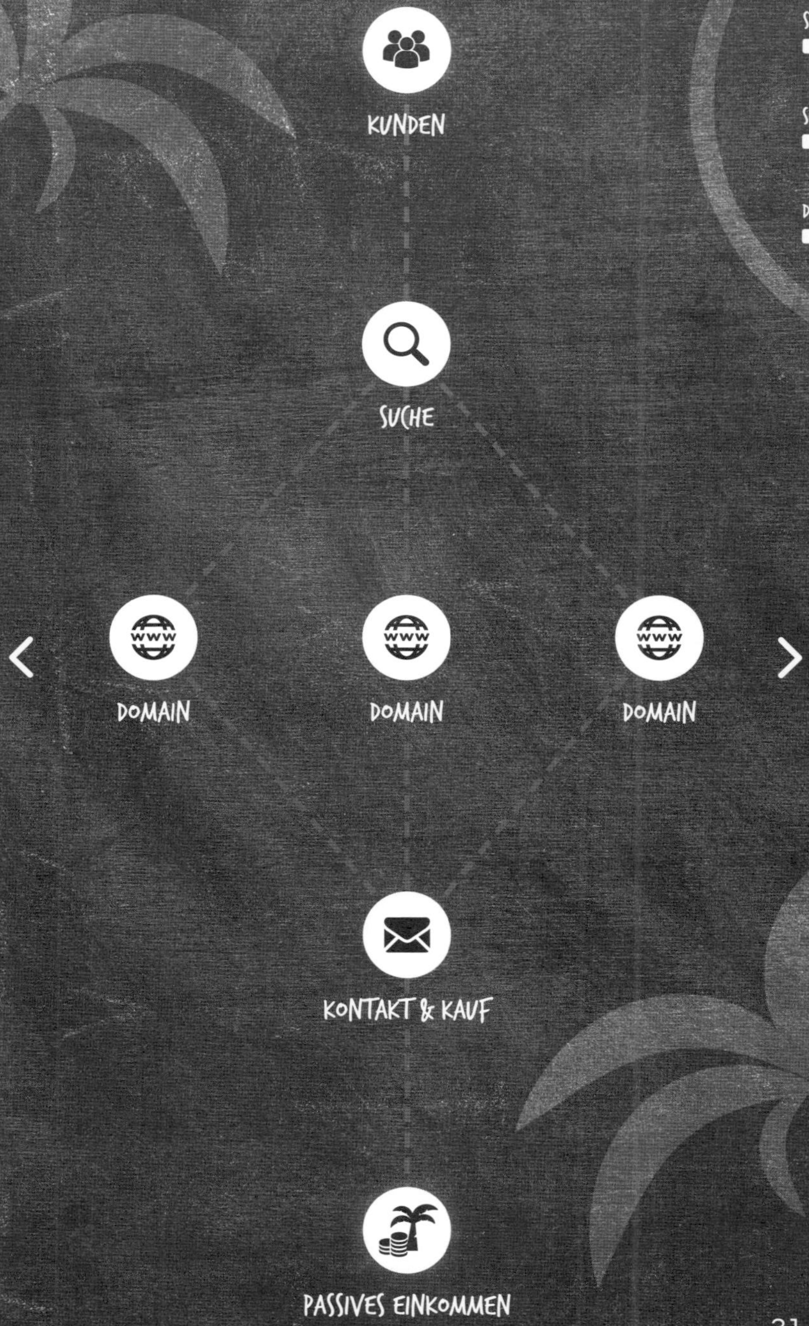

Verkaufsautomaten

Eine klassische Methode, um Geld in der Abwesenheit zu verdienen, sind Verkaufsautomaten. Ohne Personal arbeiten sie rund um die Uhr und können Produkte von verschiedensten Kategorien verkaufen. Mittlerweile gibt es Automaten jeglicher Art - zu den Klassikern gehören Kaugummi-, Kaffee-, Park-, Spiel-, Getränke- oder Snackautomaten. Der Trend geht allerdings mehr in die innovative Richtung: Über großen Zuspruch erfreuen sich Automaten, die zum Beispiel Fleisch, Muffins, Elektronik, Fahrradzubehör, Bücher oder andere untypische Waren verkaufen.

Allerdings steht bei Automaten gegenüber dem klassischen Verkauf kein Ansprechpartner bei Fragen zum Produkt zur Verfügung - daher empfiehlt es sich, unkomplizierte und selbsterklärende Artikel (wie die Beispiele oben) zu verkaufen oder andernfalls eine Erklärung oder eine interaktive Beschreibung am Gerät anzubringen. In diesem Fall würde sich ein eingebautes Display dazu eignen, den Kunden die verkauften Produkte zu präsentieren oder Gebrauchsanweisungen zu zeigen.

Denke also über mögliche Ideen für eigene Automaten nach: Welche Produkte wären praktisch für unterwegs, werden aber noch nicht in Form von Verkaufsautomaten angeboten? Und wo könnte man die Geräte am besten platzieren, damit sie auf die angestrebte Zielgruppe treffen?

Damit man den Verkauf mit eigenen Automaten starten kann, muss man nicht zwingend die teuren Geräte kaufen - manche Hersteller im Internet bieten die Automaten auch zur Miete an. Dabei kann man sich entweder für einen bereits befüllten Automaten einer bestimmten Produktkategorie oder aber auch für einen leeren Automaten zur eigenen Befüllung entscheiden.

Für eine optimale Verkaufsumgebung empfiehlt sich vorerst eine ausführliche Recherche zur Zielgruppe. Anschließend kann man eine Anfrage um die Platzierung des Automaten auf dem gewünschten öffentlichen, betrieblichen oder privaten Platz stellen. Ein externer Partner kümmert sich anschließend um die Befüllung und Wartung der Geräte und ermöglicht dadurch ein passives Einkommen.

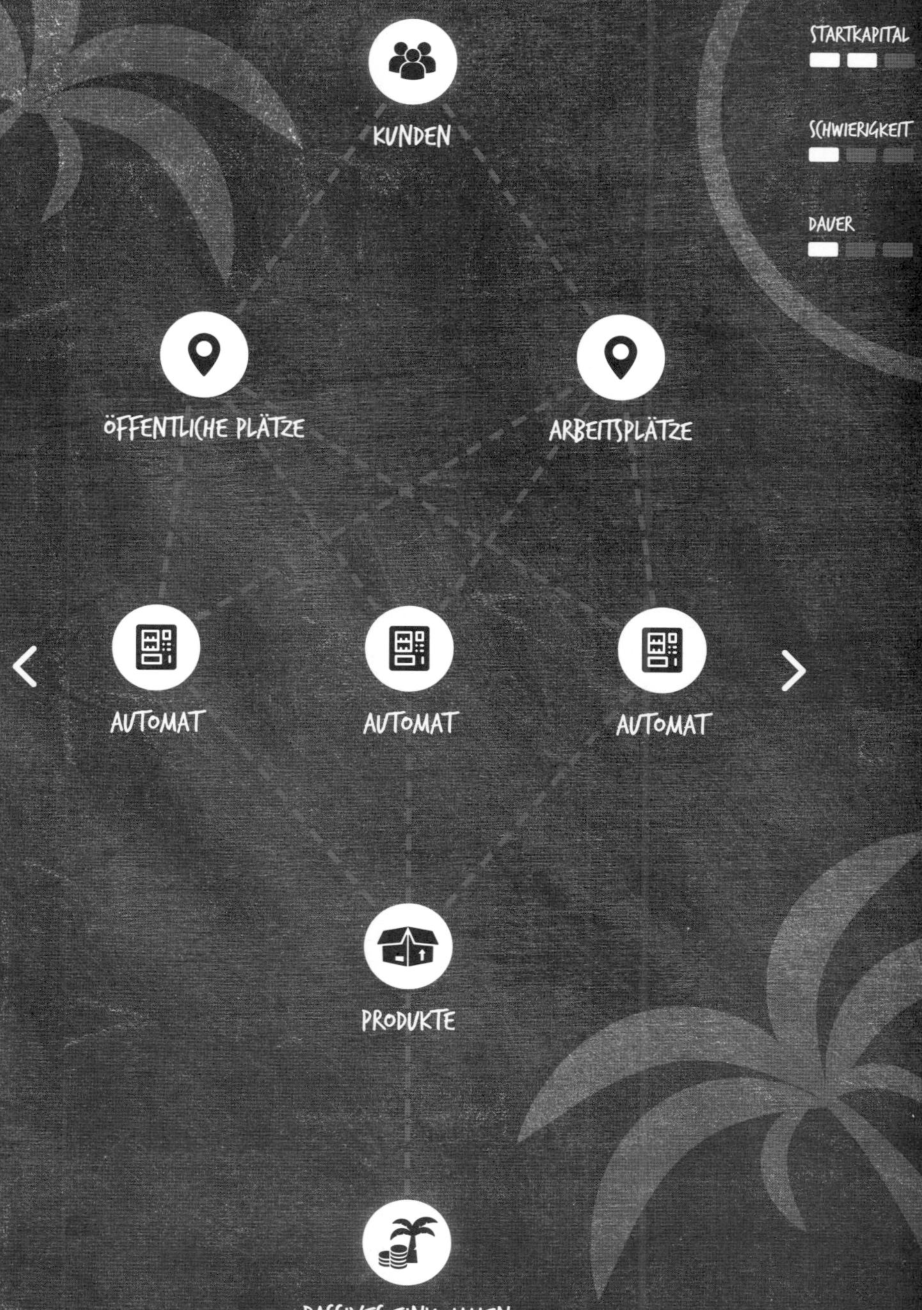
STARTKAPITAL
SCHWIERIGKEIT
DAUER
KUNDEN
ÖFFENTLICHE PLÄTZE
ARBEITSPLÄTZE
AUTOMAT
AUTOMAT
AUTOMAT
PRODUKTE
PASSIVES EINKOMMEN

Dropshipping-Shop

Lust darauf, fremde Produkte zu verkaufen? Dropshipping bietet die Möglichkeit, ein großes Sortiment anbieten zu können - ohne selbst ein Lager besitzen oder Produkte vorab kaufen zu müssen. Klingt verlockend, aber wo ist der Haken?

Viele Hersteller und Händler im In- und Ausland bieten mittlerweile Dropshipping an. Dabei nimmt man deren Produkte in das eigene Online-Sortiment auf und bietet sie zu einem selbst festgelegten Verkaufspreis an. Wenn ein Kunde das Produkt kauft, wird der Artikel vom Lager des Dropshipping-Partners aus versendet. Die Lieferung kommt anschließend beim Kunden im eigenen Namen bzw. im Namen des eigenen Unternehmens an - aus Kundensicht bleibt der Dropshipping-Partner also unsichtbar.

Die Nachteile dieser Methode sind oft höhere Einkaufskosten, vor allem wenn sich noch ein oder mehrere Händler zwischen dem eigentlichen Hersteller des Produktes befinden. Zudem können Konkurrenten in deren Online-Shops exakt dieselben Produkte anbieten, wenn sie mit dem gleichen Dropshipping-Partner zusammenarbeiten. In Folge ergibt sich dadurch oft ein Preiskampf, der auf Kosten der Gewinnspanne geführt wird.

Bei Lieferanten aus dem Ausland, vor allem aus China, sollte man auf die Lieferzeit achten - diese liegt meist bei 4-8 Wochen nach Europa. Wenige Kunden warten gerne über einen Monat auf ihren Einkauf - deshalb empfiehlt es sich, Händler aus dem Ausland zu wählen, die ein Versandlager vor Ort besitzen oder einen preiswerten Express-Versand anbieten. Alternativ kann man einen solchen Dropshipping-Shop auch in einem anderen Land, wie beispielsweise den Vereinigten Staaten, eröffnen. Dort gibt es wesentlich schnellere Versandmöglichkeiten von Asien und anderen Produktionsländern und man kann dadurch Kunden mit einem besseren und vor allem schnelleren Einkaufserlebnis überzeugen.

Um sich von der Konkurrenz abzuheben, ist es hier natürlich sehr empfehlenswert, sich mit der Produktauswahl auf eine Nische zu spezialisieren, für die noch keine, nur wenige oder nur schlechte Online-Shops verfügbar sind.

STARTKAPITAL
SCHWIERIGKEIT
DAUER
KUNDEN
MARKETING
INFLUENCER
AFFILIATES
ONLINE-SHOP
PARTNER-PRODUKTE
PASSIVES EINKOMMEN

Vermietung mit Airbnb

Insofern es in deiner Stadt oder Umgebung erlaubt ist, bietet die Vermietung von Unterkünften auf Airbnb eine großartige Möglichkeit für passives Einkommen. Wenn dir ein freies Zimmer, eine freie Wohnung oder vielleicht sogar ein ganzes (Ferien-)Haus zur Verfügung steht, kannst du es auf der beliebten Reiseplattform inserieren. Wichtig dabei ist immer: Schöne, professionelle Bilder, eine ausführliche Ausstattungsbeschreibung sowie Vorteile und Ausflugsziele in der Nähe für den Gast.

Kalkuliere in den Übernachtungspreis die Kosten für die externe Reinigung, Wartung und Schlüsselübergabe mit ein - schließlich soll aus der Vermietung eine passive Einnahmequelle werden. Auf jeden Fall sollte man den Preis pro Übernachtung entsprechend an den Konkurrenzangeboten in der Nähe orientieren und mit einer überlegenen Ausstattung, Zusatzleistung oder einem besonderen Alleinstellungsmerkmal überzeugen - liefere potenziellen Gästen ausreichende Gründe, bei dir zu buchen.

Parallel kann man die Immobilie natürlich auch auf anderen Reiseportalen zur Buchung anbieten - in diesem Fall sollte man die Verfügbarkeiten gut im Auge behalten oder über eine zentrale Schnittstelle verwalten, damit es zu keiner Überbuchung kommt.

Wie in vielen Bereichen lebt auch ein Eintrag auf Airbnb oder anderen Plattformen von Kundenbewertungen. Bitte daher die Gäste immer um Feedback - zum Beispiel in Form einer netten Nachricht am Zimmer oder eines persönlichen Briefes am Abreisetag.

Da sich der Druck auf Airbnb durch Regierungen und Städte immer mehr erhöht, ist es außerdem dringend zu empfehlen, sich mit den (steuer-)rechtlichen Grundlagen der Vermietung vertraut zu machen. In manchen Gebieten gibt es spezielle Vorschriften und Regelungen, die man beachten muss - wie zum Beispiel das Verbot einer ganzjährigen Vermietung über die Online-Plattform, das bereits in mehreren Städten gilt. Sollte also diese Methode für passives Einkommen für dich infrage kommen, informiere dich vor dem Start bei deiner örtlichen Behörde über die Voraussetzungen und Richtlinien der Vermietung über Airbnb.

STARTKAPITAL

SCHWIERIGKEIT

DAUER

T-Shirts online verkaufen

Viel Potenzial gibt es auch in der Bekleidungsbranche - das Business mit bedruckten T-Shirts ist eine sehr beliebte und einfache Methode für passives Einkommen.

Prinzipiell gehört jeder zur Zielgruppe - denn Männer als auch Frauen tragen gerne Shirts und wenige haben etwas dagegen, ein weiteres in ihren Kleiderschrank aufzunehmen. Dementsprechend groß ist natürlich die Konkurrenz in der Bekleidungsbranche, aber mit dem richtigen Gespür und etwas Glück schafft immer wieder eine neue Marke oder ein Online-Shop den internationalen Durchbruch.

Die Kosten für dieses Geschäftsmodell variieren je nachdem, mit welchem Sortiment man starten will. Falls man in Bangladesch gleich mehrere Tausend T-Shirts mit seinem Motiv, Spruch oder Logo für den Start drucken lassen will, liegt man je nach Qualität bei Produktionskosten meist im unteren, vierstelligen Bereich.

Wenn man aber über einen Online-Druckservice die Artikel bzw. die Designs anbietet, ist es hingegen sehr günstig oder gar kostenlos - allerdings möchten die Druckanbieter natürlich bei jedem Verkauf mitverdienen. Diese versenden dafür meist auch die T-Shirts und ersparen dir damit zusätzliche Schritte, wie die Suche eines Fulfillment-Anbieters für den eigenen Webshop, der die gesamte Abwicklung übernimmt.

Ein bekanntes Beispiel für einen solchen Online-Druckservice ist Spreadshirt. Auf unzähligen Produkten kann man die eigenen Designs anbieten und der Zielgruppe die Bestellung ermöglichen. Spreadshirt übernimmt die gesamte Abwicklung - einschließlich Lagerung, Druck, Versand, Zahlung bis hin zum Kundenservice. Das klingt nach optimalen Voraussetzungen für passives Einkommen.

Wichtig ist auf alle Fälle, dass man sich ein genaues Konzept überlegt und aus der Sicht der Zielgruppe denkt - und mit welchen gezielten Marketingmaßnahmen man diese erreichen könnte. Die Konkurrenz ist groß - deshalb empfiehlt sich das Beobachten neuer Trends und das Suchen von Nischen, um T-Shirts oder Motive erfolgreich online zu verkaufen.

STARTKAPITAL
SCHWIERIGKEIT
DAUER
KUNDEN
MARKETING
AFFILIATES
INFLUENCER
WEBSITE
PARTNER-STORE
AMAZON
EBAY
T-SHIRTS
PASSIVES EINKOMMEN

Eigener Affiliate-Online-Shop

Das Betreiben von einem eigenen Online-Shop, bei dem Produkte von Partnern gegen eine Beteiligung am Verkaufspreis oder gegen Kosten per Klick (CPC) vermittelt werden, stellt eine der leichtesten Einstiegsmöglichkeiten in die Welt des E-Commerce dar.

Der Vorteil bei dieser Methode besteht darin, dass man ohne hohes Startkapital und laufende Lagerkosten ein großes Sortiment anbieten kann. Allerdings legt meist der Partner die Provision fest und auch konkurrierende Online-Shops können dieselben Produkte anbieten - es sei denn, man legt einen exklusiven Vertrag mit dem jeweiligen Verkaufspartner fest.

Durch das unbegrenzte Sortiment, die ein Online-Shop dieser Art anbieten kann, sind sowohl große Kategorien, wie zum Beispiel Möbel, aber auch nur spezielle Bereiche, wie etwa Betten, möglich.

Um mit einem solchen Online-Shop zu starten, werden die Produkte des Partners mit Titel, Beschreibung und Bildern im eigenen Shop aufgenommen. Klicken interessierte Kunden darauf, so landen sie direkt im Online-Shop des Partners. Wird der Artikel dort anschließend gekauft, erhält man vom Affiliate-Partner eine Provision. Alternativ kann auch ein CPC-Modell festgelegt werden, bei dem für jeden Klick ein festgelegter Betrag vergütet wird.

Klingt das nach einer geeigneten Einnahmequelle für dich? Dann suche eine passende Kategorie, richte einen Online-Shop ein und gehe auf Partnersuche. Frage bei interessanten Unternehmen an, ob sie Interesse an einer Kooperation und der Listung ihrer Produkte gegen Zahlung einer Provision in deinem Webshop haben.

Achte auf die korrekte Einrichtung der Tracking-Funktionen für Weiterleitungen, damit deine erzielten Verkäufe vom Partner auch richtig erfasst und vergütet werden können. Im Idealfall wird mit diesem eine regelmäßige und automatische Zahlung der Provisionen vereinbart, damit für dich kein Aufwand anfällt und du dich auf die Suche nach weiteren Verkaufspartnern konzentrieren kannst. Auf diese Weise kannst du einen großen Online-Shop mit vielen Produkten aufbauen, ohne je selbst ein Lager führen zu müssen.

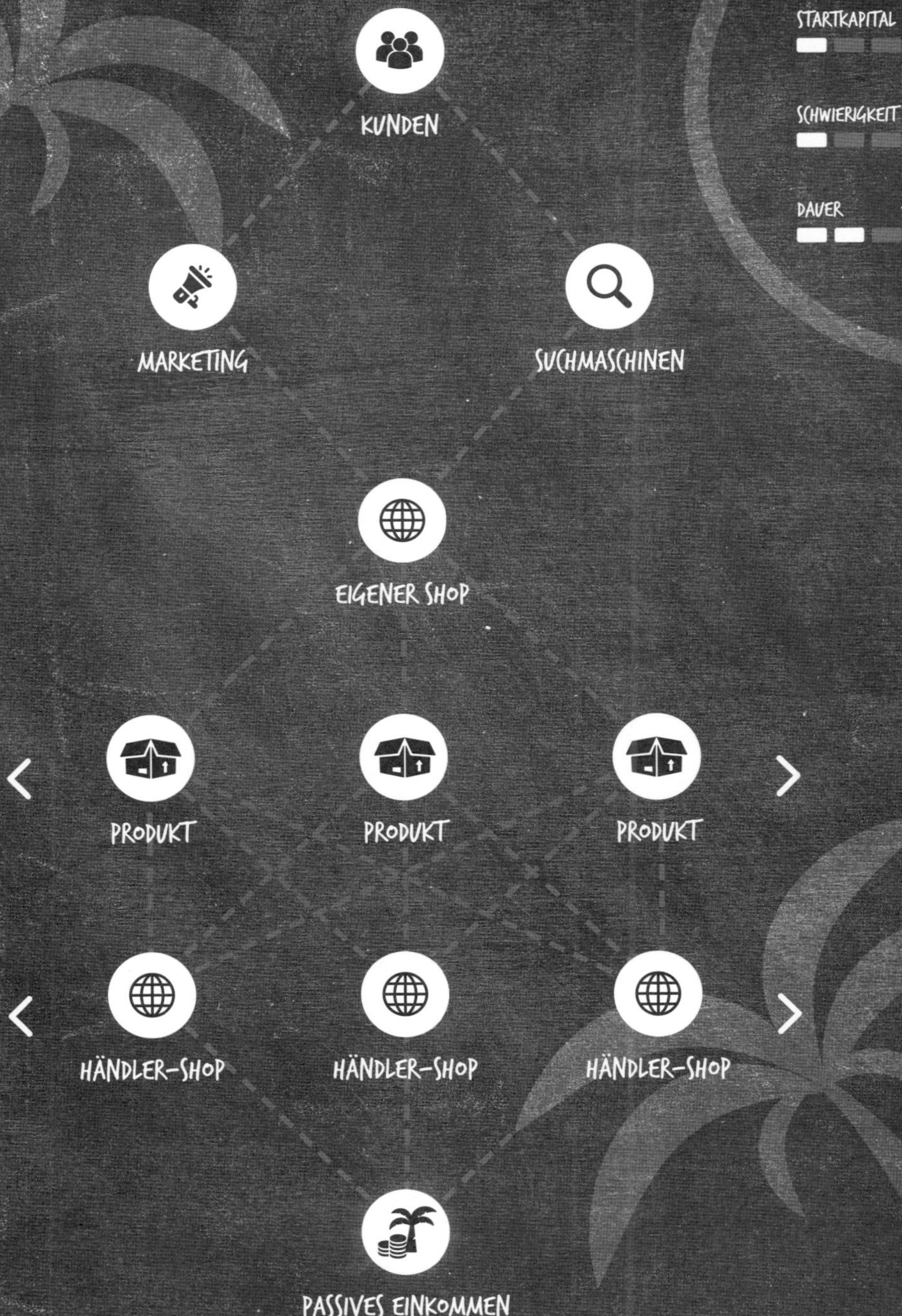

STARTKAPITAL
SCHWIERIGKEIT
DAUER
KUNDEN
MARKETING
SUCHMASCHINEN
EIGENER SHOP
PRODUKT
PRODUKT
PRODUKT
HÄNDLER-SHOP
HÄNDLER-SHOP
HÄNDLER-SHOP
PASSIVES EINKOMMEN

Stock-Fotos verkaufen

Du bist gerne unterwegs und kannst gut mit einer Spiegelreflexkamera umgehen? Dann ist diese Methode für passives Einkommen möglicherweise etwas für dich!

Auf Plattformen wie Shutterstock, Fotolia oder Adobe Stock kann man professionelle Bilder für private und kommerzielle Zwecke erwerben, aber ebenso verkaufen. Viele Hobby- und Berufsfotografen bieten dort ihre Aufnahmen zu verschiedensten Themen und Anlässen an und verdienen regelmäßig an Verkaufsprovisionen. Einige Fotografen leben sogar ausschließlich von den Verkäufen ihrer Werke im Internet und reisen um die Welt, um neue Fotografien zu machen. Klingt nicht schlecht, oder?

Da diese Methode für passives Einkommen sehr einfach und günstig ist, bieten natürlich dementsprechend viele Fotografen ihre Aufnahmen zum Verkauf an. Analysiere daher wie immer vorerst das Angebot der Konkurrenz und suche einen Bereich, für den noch kein oder nur wenig Material zum Verkauf steht. Das können Fotos von Objekten, Menschen oder der Natur sein - alles ist gefragt.

Dabei übernehmen die Foto-Plattformen die gesamte Kaufabwicklung. Gegen eine Verkaufsgebühr bzw. Umsatzbeteiligung bieten sie Zugang zu Millionen von Käufern, die nach verschiedensten Bildern für die private oder kommerzielle Nutzung suchen. Dein Aufwand beschränkt sich lediglich auf die einmalige Erstellung, Bearbeitung und Veröffentlichung der Bilder, während sie anschließend beliebig oft und rund um die Uhr verkauft werden können.

Wenn du in das Geschäft mit Stock-Fotos einsteigen willst, dann starte damit, dir nach und nach ein Sortiment aus professionellen Bildern aufzubauen und stelle sie auf allen relevanten Foto-Plattformen zum Verkauf. Es gilt - je mehr, desto besser - und desto größer sind die Chancen einer regelmäßigen Einnahmequelle durch die Fotos. Geduld solltest du allerdings mitbringen, denn das Finden, Erstellen und Vertreiben gefragter Aufnahmen kann dauern.

Zusätzlich könnte man zum Beispiel auch branchenspezifische Bilder als Set online oder im Direktverkauf an Unternehmen vertreiben.

STARTKAPITAL

SCHWIERIGKEIT

DAUER

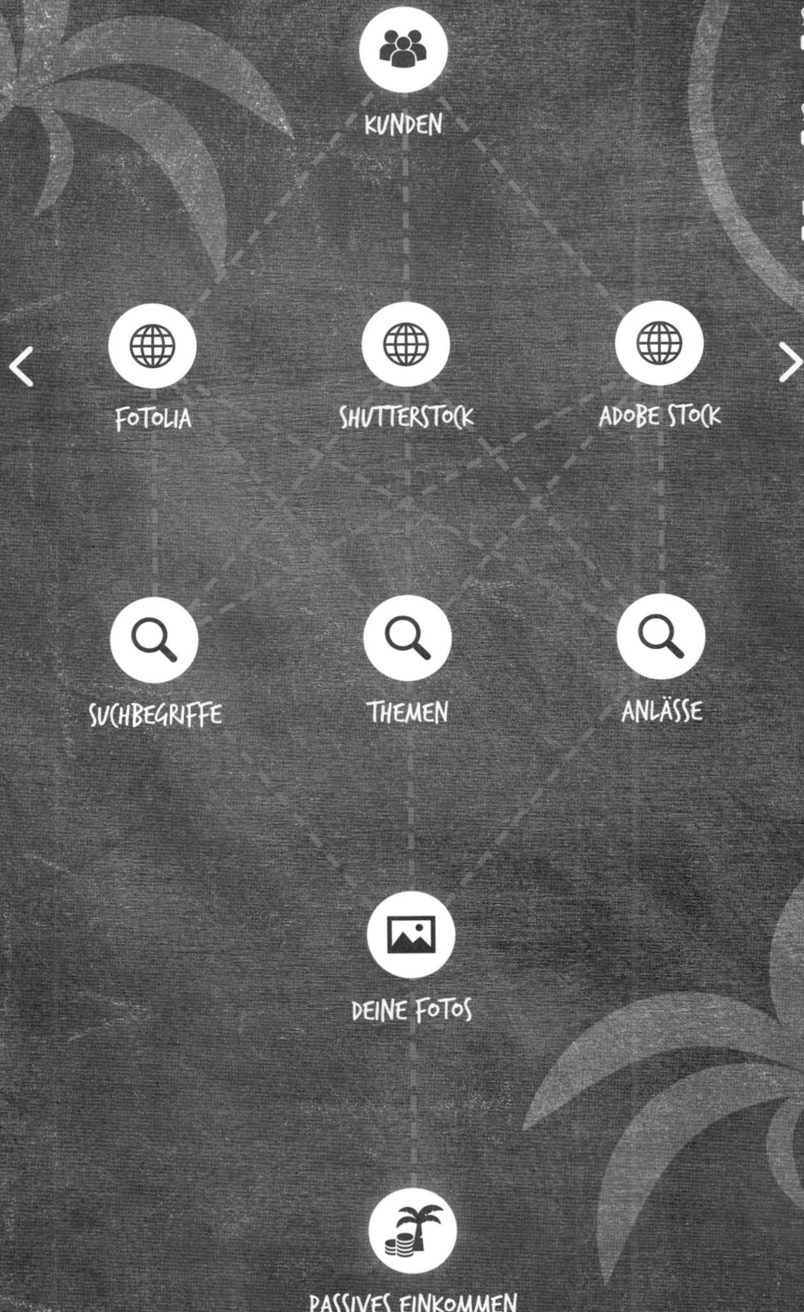

App entwickeln

Seit dem Launch des App-Stores von Apple lässt sich ein rasantes Wachstum des Marktes für Anwendungssoftware beobachten. Inspirierende Erfolgsgeschichten wie die Übernahme der App Runtastic durch Adidas oder die Übernahme von MyFitnessPal durch Under Armour fanden seitdem statt - beide mit einem Unternehmenswert im dreistelligen Millionenbereich. Dabei ist es noch keinesfalls zu spät, auf den Zug aufzuspringen - man muss nur etwas mehr Kreativität und Motivation im Kampf gegen die Konkurrenz mitbringen. Ach ja - und etwas Glück gehört natürlich auch dazu, habe ich das schon erwähnt?

Das Erstellen einer App ist grundsätzlich kostenlos, zum Veröffentlichen benötigt es allerdings eine kostenpflichtige Mitgliedschaft - bei Apple zumindest. Zum Entwickeln einer App muss man die Programmiersprache Swift für iOS Apps und Java oder Python für Android Apps beherrschen. Zum Erlernen sollte man Zeit, Geduld und einige Grundkenntnisse in der Programmierung mitbringen. Als teure Alternative kann man andernfalls eine Agentur mit der Erstellung der App beauftragen. Da die Entwicklung einer eigenen App in beiden Fällen viel Zeit kostet, sollte die Idee wirklich die Umsetzung wert sein und ein Problem der Zielgruppe lösen. Oder unvergleichliche Unterhaltung und Spaß bieten - je nach Zweck!

Neben einer zahlungspflichtigen App ist vor allem das kostenlose Anbieten beliebt - hier generieren In-App-Käufe und Werbeanzeigen passive Einnahmen für den Entwickler. Wenn die App nur gegen eine Gebühr heruntergeladen werden kann, werden viele Personen vorerst nach einer Alternative suchen oder den Kauf überdenken. Dieses Verkaufsmodell ergibt in vielen Fällen deshalb nur dann Sinn, wenn es sich um ein konkurrenzloses Gebiet oder einen bereits etablierten und bekannten Dienst handelt.

Aber auch eine kostenlose und werbefreie Anwendung ohne In-App-Käufe kann durchaus Sinn ergeben, wenn man andere Strategien oder den späteren Verkauf an ein anderes Unternehmen beabsichtigt. Ein bekanntes Beispiel ist der Kurznachrichtendienst WhatsApp, der um eine unglaubliche Summe im Milliardenbereich von Facebook gekauft wurde.

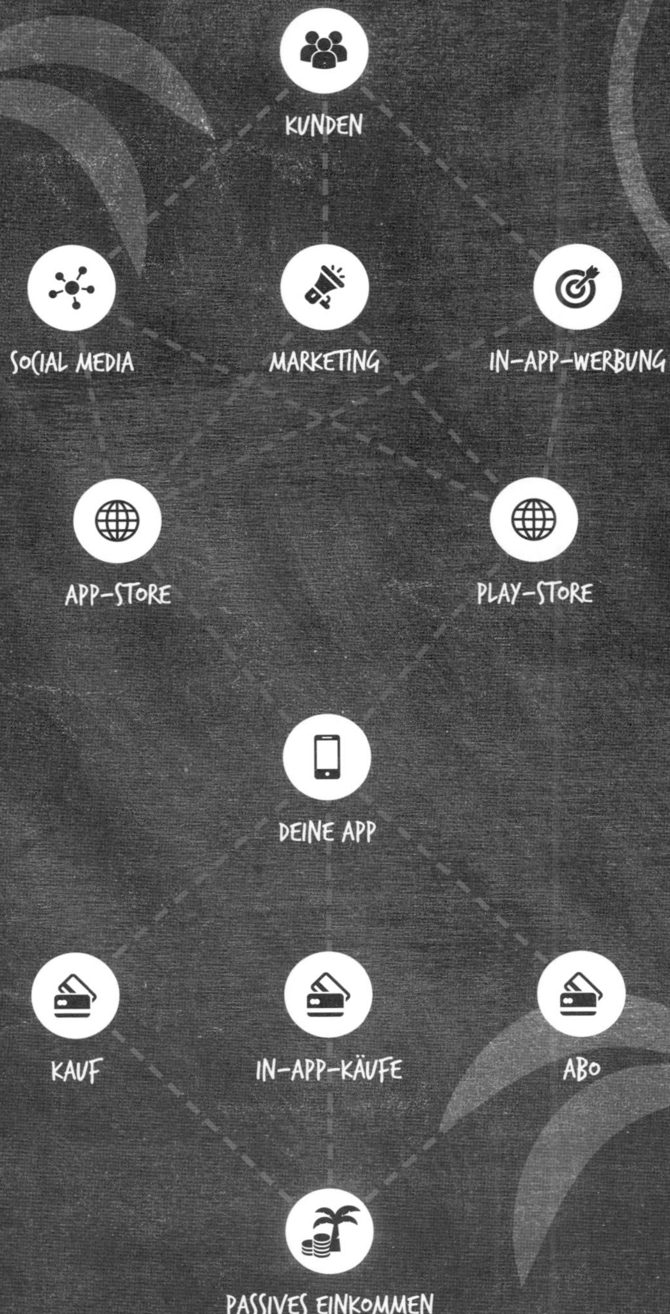

STARTKAPITAL

SCHWIERIGKEIT

DAUER

Immobilien vermieten

Ein hochinteressantes Thema für Einkommen ohne Aufwand ist die Vermietung von Immobilien. Durch die monatlichen Mieteinnahmen ist ein regelmäßiger und sicherer Geldfluss garantiert. Allerdings fordert der Einstieg in das Immobiliengeschäft mitunter das höchste Startkapital aller Ideen dieses Buchs - außer man gehört zu den glücklichen Lesern, die bereits eine oder mehrere Immobilien besitzen oder eines Tages - im Zuge einer Erbschaft - besitzen werden.

Aber auch wenn man (noch) kein Millionär ist, lassen sich Wege finden. Bei dem Kauf einer Immobilie kann der Großteil des Preises finanziert werden und man muss nur ein - in Anbetracht der Gesamtsumme - geringes Eigenkapital aufbringen.

Im Idealfall zahlen die zukünftigen Wohnungsmieter dann den Kredit vollständig ab - je nach Kaufpreis, Mieteinnahmen und Rückzahlung für die Finanzierung kann es aber mit dieser Strategie einige Jahre bzw. Jahrzehnte in Anspruch nehmen, bis eine Immobilie zu einer reinen Einnahmequelle wird.

Ein passives Einkommen kann aber bereits von Beginn an durch Mietüberschüsse generiert werden - bei mehreren Immobilien sogar durchaus in der Höhe einer Summe, von der man leben kann. Außerdem kann man geeignete Objekte mehrfach vermieten und dadurch höhere Mieteinnahmen erzielen, wie zum Beispiel das Vermieten einer Wohnung als Wohngemeinschaft an mehrere Personen oder das Vermieten eines Büros als Co-Working-Space an mehrere Unternehmer und Selbständige - dazu aber später mehr.

Möchte man die Vermietung von Immobilien als passive Einnahmequelle gestalten, dann ist es jedenfalls wichtig, eine externe Hausverwaltung mit der Instandhaltung des Objektes zu beauftragen.

Dadurch kümmert sich jemand während der eigenen Abwesenheit um die Abrechnungen, die Mietersuche im Falle von Kündigungen, Reparaturen und finanzielle Entscheidungen bis zu einer vereinbarten Höhe. Auf diese Weise kann man seine vollständige Zeit der Planung des nächsten Projekts widmen, während das vorherige passives Einkommen generiert.

STARTKAPITAL

SCHWIERIGKEIT

DAUER

Affiliate-Nischen-Website

Gute Aussichten auf passives Einkommen bietet auch das Betreiben einer branchenspezifischen Info-Website mit Affiliate-Produkten. Gegen eine Provision bewirbt und empfiehlt man auf der eigenen Seite oder dem eigenen Blog Produkte und Dienstleistungen von ausgewählten Partnern.

Sobald man eine passende Nische gefunden und eine Info-Website aufgebaut hat, kann man Links oder Werbeanzeigen zu den Artikeln der Partner einbauen. Wenn einer der Besucher darauf klickt, wird ein Cookie zur Nachverfolgung auf dessen Gerät platziert. So kann dein Partner dir den Verkauf zuordnen, auch wenn der vermittelte Interessent erst nach Tagen oder Wochen einen Artikel kauft oder eine Dienstleistung in Anspruch nimmt.

Bezahlt wird man üblicherweise nach Verkauf (CPA - Cost per Action), per Klick (CPC - Cost per Click) oder per Lead (CPL - Cost per Lead). Unter einem Lead versteht man übrigens Interessenten, die durch eine bestimmte Handlung (Anfrage, Anmeldung zum Newsletter, Registrierung) ihr Interesse bekundet haben und höchstwahrscheinlich zu zahlender Kundschaft werden.

Eine solche Kooperation stellt eine Win-Win-Situation dar - der Werbetreibende zahlt nur für tatsächliche Ergebnisse und du als Website-Betreiber kannst an einem Produkt oder an einer Dienstleistung verdienen, ohne sie selbst anbieten oder abwickeln zu müssen. Wie anfangs erwähnt, empfiehlt sich die Erstellung einer branchenspezifischen Website, um möglichst viele Conversions zu erzielen. Hier kann man die Affiliate-Links genau auf die Zielgruppe abstimmen und erzielt in Folge wesentlich bessere Ergebnisse.

Bei der Suche nach passenden Partnern helfen Affiliate-Netzwerke, die den Kontakt mit Werbetreibenden herstellen und die Abwicklung und Kommunikation zwischen den Parteien erleichtern. Außerdem bieten diese oft ein eigenes Dashboard an, auf dem man die Verkäufe und Weiterleitungen analysieren und optimieren kann. Alternativ kann man aber natürlich auch auf eigene Faust bei relevanten Unternehmen um eine Kooperation anfragen, die sich im Idealfall zu einer langfristigen Partnerschaft entwickelt.

STARTKAPITAL
SCHWIERIGKEIT
DAUER
KUNDEN
SUCHMASCHINEN
INFO-WEBSITE
BLOG
LINKS
WERBEANZEIGEN
EMPFEHLUNGEN
HÄNDLER-SHOP
HÄNDLER-SHOP
HÄNDLER-SHOP
PASSIVES EINKOMMEN

Kommissionsgeschäft über Online-Shop

Das Vertriebsmodell mit dem Verkauf von Produkten auf Kommission funktioniert nicht nur mit Vertriebspartnern, sondern auch mit externen Online-Shops. Zur Erinnerung - beim Kommissionsgeschäft stellt man einem Verkaufspartner die eigenen Produkte kostenlos zur Verfügung und erhält bei Verkauf in vereinbarten Zeitabständen die Verkaufssumme abzüglich einer zuvor vereinbarten Provision.

Statt nach Vertriebspartnern mit Verkaufsfläche sucht man bei diesem Geschäftsmodell Betreiber von erfolgreichen Online-Shops, die für die eigenen Produkte relevant wären. Stimmt der Betreiber einer Kooperation zu, stellt man einen gewissen Lagerbestand kostenlos zur Verfügung. Bei Verkäufen erhält man dann die im Kommissionsvertrag festgelegte Summe abzüglich Provision.

Wie immer sollte sich das Geschäft für beide Seiten lohnen - mit einer zu geringen Provision wird sich ansonsten schon die Partnersuche schwierig gestalten. Der Nachteil vom Verkauf auf Kommission ist auch hier das Risiko, seine Ware nicht mehr zurückzuerhalten oder gar nicht zu verkaufen - deshalb empfiehlt es sich, größere und etablierte Online-Shops anzustreben, auch wenn eine Zusammenarbeit eventuell schwerer zu erreichen ist als bei kleinen Betrieben.

Grundsätzlich ist die Akquise von Vertriebspartnern beim Verkauf auf Kommission aber einfach - da das Geschäftsmodell für den beteiligten Partner kein Risiko mit sich bringt, gibt es wenige bis gar keine Gründe, die gegen eine Kooperation sprechen.

Wichtig ist jedenfalls, dies stets bei Anfragen zu betonen. Falls notwendig kann man dem Partner auch einen Testlauf vorschlagen, bei dem die Produkte unverbindlich für einen Monat zum Verkauf getestet werden können.

Damit die Einnahmen durch den Kommissionsverkauf über externe Online-Shops ohne Aufwand bleiben, empfiehlt sich die Automatisierung der Abrechnungen und die Beauftragung eines Fulfillment-Partners für regelmäßige Nachlieferungen. Ein eigener B2B-Shop für Verkaufspartner könnte die Automatisierung dieser Prozesse erleichtern.

STARTKAPITAL

SCHWIERIGKEIT

DAUER

Eigener YouTube-Kanal

YouTube ist in den letzten Jahren nicht nur zur größten Video-Community weltweit, sondern auch zu einer der größten Suchmaschinen gewachsen. Mit Milliarden an aktiven Nutzern pro Monat und einem etablierten Werbenetzwerk bietet die Plattform hervorragende Möglichkeiten für passives Einkommen.

Wenn man gerne Videos dreht und zudem kreativ und kommunikativ ist, dann rät es sich, auf diesen Zug aufzuspringen. Es gibt bereits unzählige YouTuber und Content-Creators aus allen Ecken der Welt, die vollständig von den Werbeeinnahmen und Zusatzverkäufen ihrer Videos leben. Warum nicht auch du?

Auch wenn man nicht gerne vor der Kamera und im Rampenlicht steht, gibt es viele alternative Möglichkeiten für einen erfolgreichen YouTube-Kanal. Einige Beispiele dafür wären Videos mit interessanten Fakten, Testberichte von Videospielen oder Tutorials zu gefragten Themen. Wenn man seine hochgeladenen Videos monetarisiert, also am YouTube-Partnerprogramm für Werbung teilnimmt, gibt es mehrere Verdienstmöglichkeiten, wie Werbeanzeigen, bezahlte Kanalmitgliedschaften oder etwa Merchandise-Artikel, die über einen eigenen Online-Shop, Verkaufsplattformen oder Print-on-Demand Anbietern vertrieben werden.

Außerdem kann man durch ein Affiliate- oder Influencer-Netzwerk fremde Produkte und Dienstleistungen in den eigenen Videos empfehlen und so an Provisionen verdienen. Auch hier könnte man wieder im Direktverkauf an Unternehmen der jeweiligen Branche herantreten und sie für eine langfristige Kooperation gewinnen.

Wie man also sieht, gibt es in diesem Bereich zahlreiche Aussichten auf passives Einkommen. Allerdings muss der YouTube-Channel dafür die Herzen der Zielgruppe für sich gewinnen und vorerst viel an Bekanntheit erlangen - das funktioniert entweder in Bereichen mit wenig Konkurrenz oder in Kombination mit geschickten Marketingstrategien, wie beispielsweise Viral-Marketing. Dass ein YouTube-Kanal in den meisten Fällen nicht von heute auf morgen eine passive Einnahmequelle wird, muss einem bewusst sein - der Weg kann sich aber auf alle Fälle lohnen!

STARTKAPITAL
SCHWIERIGKEIT
DAUER
KUNDEN
SUCHE
MARKETING
SUBSCRIBER
VIDEO
VIDEO
VIDEO
GOOGLE ADSENSE
MERCHANDISE
PRODUKTPLATZIERUNGEN
PASSIVES EINKOMMEN

Musik komponieren und verkaufen

Wer musikalisch begabt ist, kann mit eigenen Kompositionen passiv Geld verdienen - entweder über Tantiemen, einer gezahlten Vergütung für die Wiedergabe der Werke, über den Verkauf von MP3-Dateien und CDs, über monetarisierte Videos oder Online-Kurse zum Erlernen eines Instruments.

Aber auch mit elektronisch erzeugter Musik, wie EDM, gibt es viele Chancen auf Erfolg - musikalisches Talent und Verständnis ist aber auch hier notwendig. Zumindest in den meisten Fällen - gerade virale Hits zeichnen sich oft dadurch aus, dass kein Talent im Spiel war.

Außerdem könnte man auch Soundtracks erstellen und sie über einen eigenen Online-Shop oder verschiedene Plattformen wie zum Beispiel Shutterstock Music anbieten. Oder wie wäre es, nützliche Soundeffekte aufzunehmen und sie in einem Paket zum Kauf anzubieten? Diese sind zum Beispiel bei Filmemachern sehr begehrt.

Man merkt schnell - die Möglichkeiten für passives Einkommen sind in der Musikbranche sehr vielfältig. Die Voraussetzung ist stets das entsprechende Equipment bzw. die benötigte Software zur Aufnahme oder Erstellung der Musik, sowie gegebenenfalls auch das Besitzen und Beherrschen des jeweiligen Instruments.

Der entscheidende Vorteil beim Verkauf von Musik ist der einmalige Aufwand für die Erstellung - ähnlich wie zum Beispiel bei E-Books muss das Werk nur einmal produziert werden und kann danach unbegrenzt verkauft werden, zeitlich als auch hinsichtlich der Menge.

Allerdings gibt es auch hier eine große und sehr begabte Konkurrenz. Wer aber wirklich in diesem Bereich durchstarten will, begabt ist, etwas Glück mitbringt und an der Sache dranbleibt, hat sehr gute Aussichten, es früher oder später zu schaffen - denn schließlich ist die Zielgruppe auch sehr groß.

Dabei sollte man die eigene Musik wie ein Produkt aus der Sicht der Konsumenten sehen und sich gezielte Vertriebsstrategien überlegen. Gerade am Anfang ist es wichtig, etwas an Bekanntheit zu erlangen und so den Stein ins Rollen zu bringen.

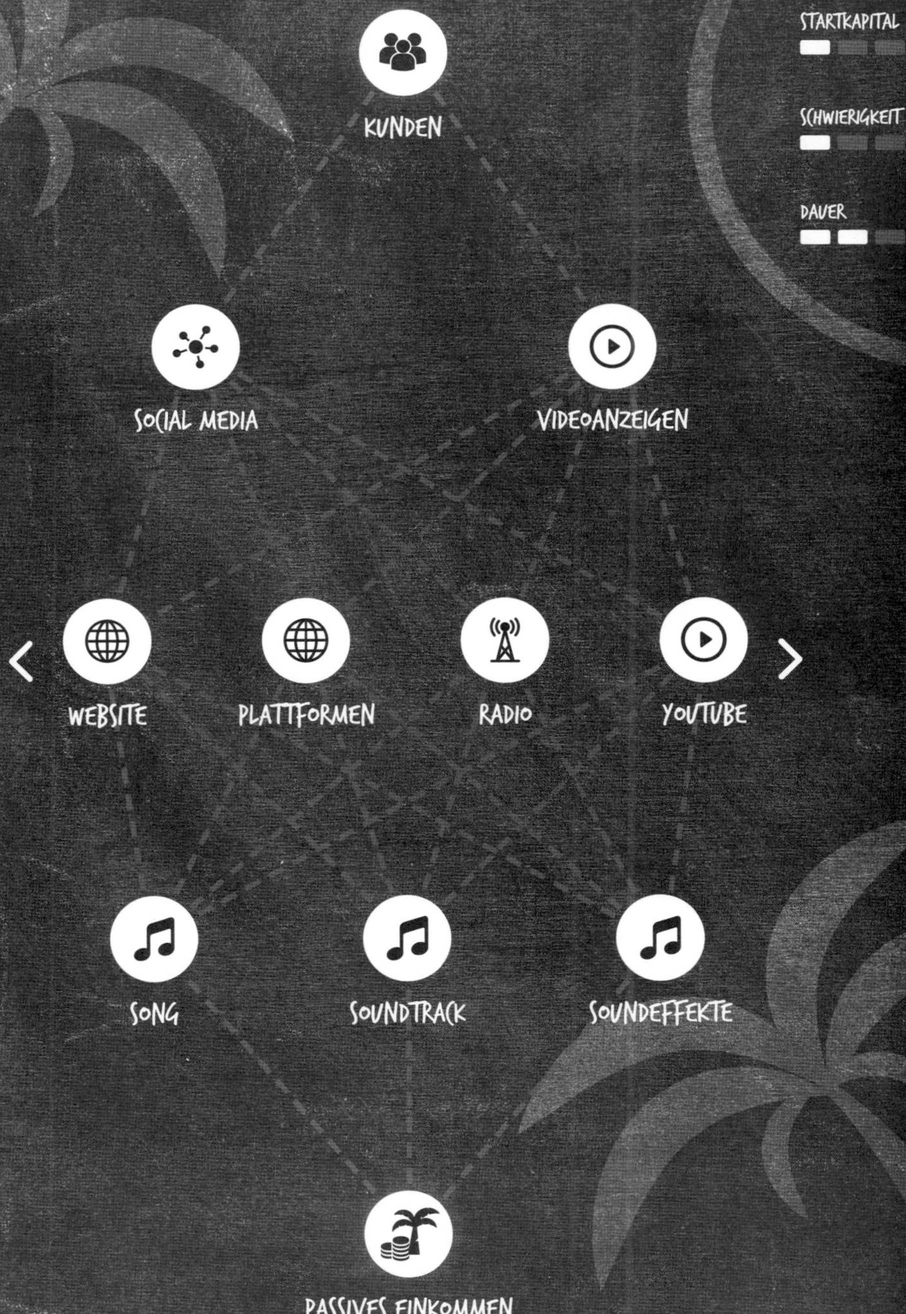
STARTKAPITAL
SCHWIERIGKEIT
DAUER
KUNDEN
SOCIAL MEDIA
VIDEOANZEIGEN
WEBSITE
PLATTFORMEN
RADIO
YOUTUBE
SONG
SOUNDTRACK
SOUNDEFFEKTE
PASSIVES EINKOMMEN

Mit Outsourcing passiv verdienen

Bei dieser Methode für passives Einkommen lagert man digitale Dienstleistungen, die man auf der eigenen Website oder einer Plattform anbietet, an einen virtuellen Assistenten, Freelancer oder eine Agentur aus. Da solche digitalen Arbeiten in anderen Ländern, wie zum Beispiel in Indien, viel günstiger sind, empfiehlt sich beim Outsourcing hinsichtlich der Rentabilität ein ausländischer Partner. Man fungiert bei diesem Geschäftsmodell nur als eine Art Zwischenhändler von Leistungen.

Beispiele für solche sind Grafik und Design, Websites, Programmierungen, Suchmaschinenoptimierung, Übersetzungen, Recherchen oder Texterstellungen. Wenn ein Kunde eine der digitalen Leistungen in Anspruch nimmt, leitet man den Auftrag an den Partner im Ausland weiter, der die Arbeit komplett übernimmt - und das zu einem wesentlich günstigeren Preis als der eigentlichen Auftragssumme des Kunden.

Darunter muss die Qualität nicht leiden, denn es gibt vor allem auch in weit entfernten Ländern viele professionelle Anbieter. Moralische Bedenken, jemanden im Ausland zu einem geringeren Lohn zu beschäftigen, muss man auch nicht haben - schließlich bietet man Arbeit und einen Lohn, der in der jeweiligen Landeswährung sehr gut oder zumindest gängig ist. So gesehen tut man damit sogar etwas Gutes und schafft Arbeit in Entwicklungsländern.

Bei der Suche nach einem virtuellen Gehilfen empfiehlt es sich, eine Agentur einer einzelnen Person vorzuziehen. Denn sollte ein Arbeiter einmal nicht zur Verfügung stehen, ist bereits für Ersatz gesorgt und man muss nicht selbst nach einer Alternative suchen.

Nachdem der virtuelle Assistent im Ausland die Arbeit erledigt hat, bezahlt man ihn und der Auftraggeber bezahlt die Leistung. Die Differenz wandert auf das eigene Konto und der digitale Helfer bleibt während der gesamten Abwicklung für den Kunden unsichtbar.

Bestenfalls kann man diese Abläufe durch die eigene Website bzw. den eigenen Online-Shop zu großen Teilen oder vollständig automatisieren - und sich dem Aufbau eines weiteren Geschäfts widmen.

STARTKAPITAL

SCHWIERIGKEIT

DAUER

KUNDEN

DIGITALE DIENSTLEISTUNG

VIRTUELLER ASSISTENT

ZAHLUNGSABWICKLUNG

PASSIVES EINKOMMEN

Produkte auf eBay verkaufen

Das weltweit größte Internetauktionshaus eBay mit einem jährlichen Umsatz von mehreren Milliarden US-Dollar bietet Verkäufern viele Chancen und Möglichkeiten, Geld zu verdienen. Neben dem Kauf oder der Ersteigerung von gebrauchten Artikeln besuchen viele Personen die Plattform, um günstig neue Waren mit der Sofort-Kaufen-Option zu ergattern. Gefragt sind alle Produktkategorien - insbesondere aber Kategorien, die auf anderen Online-Marktplätzen wie beispielsweise Amazon nur wenig oder gar nicht angeboten werden und deshalb auf eBay gesucht werden.

Ein Beispiel dafür wären Hoverboards bzw. E-Boards - die elektronischen, zweirädrigen Rollbretter, mit denen man per Gewichtsverlagerung fahren kann. Einst hatte Amazon sie aufgrund Bedenken rund um die Sicherheit von seinem Marktplatz verbannt, infolgedessen stieg die Nachfrage auf anderen Plattformen enorm.

Obwohl sehr viele Händler auf eBay aktiv sind, lassen sich immer wieder Bereiche und Nischen finden, für die noch keine oder nur wenige Produkte zur Verfügung stehen. Im Idealfall identifiziert und füllt man eine solche Nische mit einer Eigenmarke - das gibt einem mehr Vorsprung gegenüber der Konkurrenz. Wenn man Artikel anderer Marken verkaufen will, sollte zumindest der Preis oder die Qualität den Kunden einen Grund zum Kauf liefern.

Sobald man einen passenden Bereich gefunden und die Produkte hergestellt oder bezogen hat, kann man mit dem Erstellen eines Verkäuferkontos auf eBay beginnen. Die Produkte sollte man stets mit einer ausführlichen Beschreibung, genügend Bildern und einem für Suchmaschinen optimierten Titel anlegen. Bei Gelegenheit kann man noch ein eigenes Layout und Design für die Beschreibung erstellen, somit sehen die Artikel noch besser aus.

Auch hier empfiehlt sich wieder die Beauftragung eines externen Fulfillment-Unternehmens mit der Abwicklung und Logistik, sodass keinerlei Arbeit bei Verkäufen anfällt. Außerdem kann man einen eigenen Online-Shop mit spezieller Software, einem Plug-in oder einer Schnittstelle an den eBay-Händlershop anbinden und so die Abläufe weiter automatisieren.

STARTKAPITAL
SCHWIERIGKEIT
DAUER
KUNDEN
SUCHE AUF EBAY
MARKETING
SUCHMASCHINEN
EBAY
NEUE PRODUKTE
GEBRAUCHTE PRODUKTE
PASSIVES EINKOMMEN

Eigenes Buch auf Amazon

Neben der Veröffentlichung eines E-Books bietet das Verkaufen eines gedruckten, physischen Buchs auf Amazon ebenfalls eine Gelegenheit auf langfristige Einnahmen durch ein einmalig erstelltes Werk. Während man früher noch bei Verlagen um die Aufnahme seines Buchs ins Sortiment anfragen musste, kann man heute leicht sein eigenes Buch im Selbstverlag oder zum Beispiel durch das Kindle Direct Publishing Programm (KDP) von Amazon veröffentlichen und verkaufen.

Egal ob es sich dabei um ein Sachbuch, einen Roman, einen Thriller, eine Fantasy-Reihe oder auch um ein Buch für Kindererziehung handelt - alle Bereiche stehen dir offen. In jeder dieser Kategorien gibt es genügend erfolgreiche Autoren als Beweis, dass sich das Geschäft mit Büchern lohnen kann. Da das Schreiben eines guten Buchs jedoch einiges an Zeit und Geld für die Produktion in Anspruch nimmt, sollte man das jeweilige Thema und die Konkurrenz vor dem Start ausführlich unter die Lupe nehmen. Für den erfolgreichen Verkauf muss das Buch einen Mehrwert für die Leser bieten - zum Beispiel in Form von Wissen, einer fesselnden Story oder einfach einer guten Unterhaltung.

Sobald das eigene Buch fertiggestellt und gedruckt ist, kann man den Lagerbestand zum Online-Verkauf an Amazon senden. Mit dem Programm Fulfillment by Amazon (FBA) bietet das Unternehmen nicht nur das Lagern, Verpacken und Versenden, sondern auch das Retourenmanagement und den Kundenservice für die Produkte an. Das Programm bietet Autoren also die Möglichkeit, sich treue Leser und zugleich passive Einnahmen zu sichern.

Sobald das Buch schließlich online erhältlich ist, auf positive Resonanz stößt und viele Kunden findet, kann man es zusätzlich in verschiedenen Sprachen übersetzen lassen und ein internationales Vertriebsnetzwerk aus Buchhandlungen sowie aus anderen Verkaufspartnern aufbauen.

Übrigens: Wenn du zwar die Zeit, aber nicht das Geld für den Druck deines ersten Buchs aufbringen kannst oder willst, probiere es mit einem E-Book - wie wir es bereits zuvor besprochen haben.

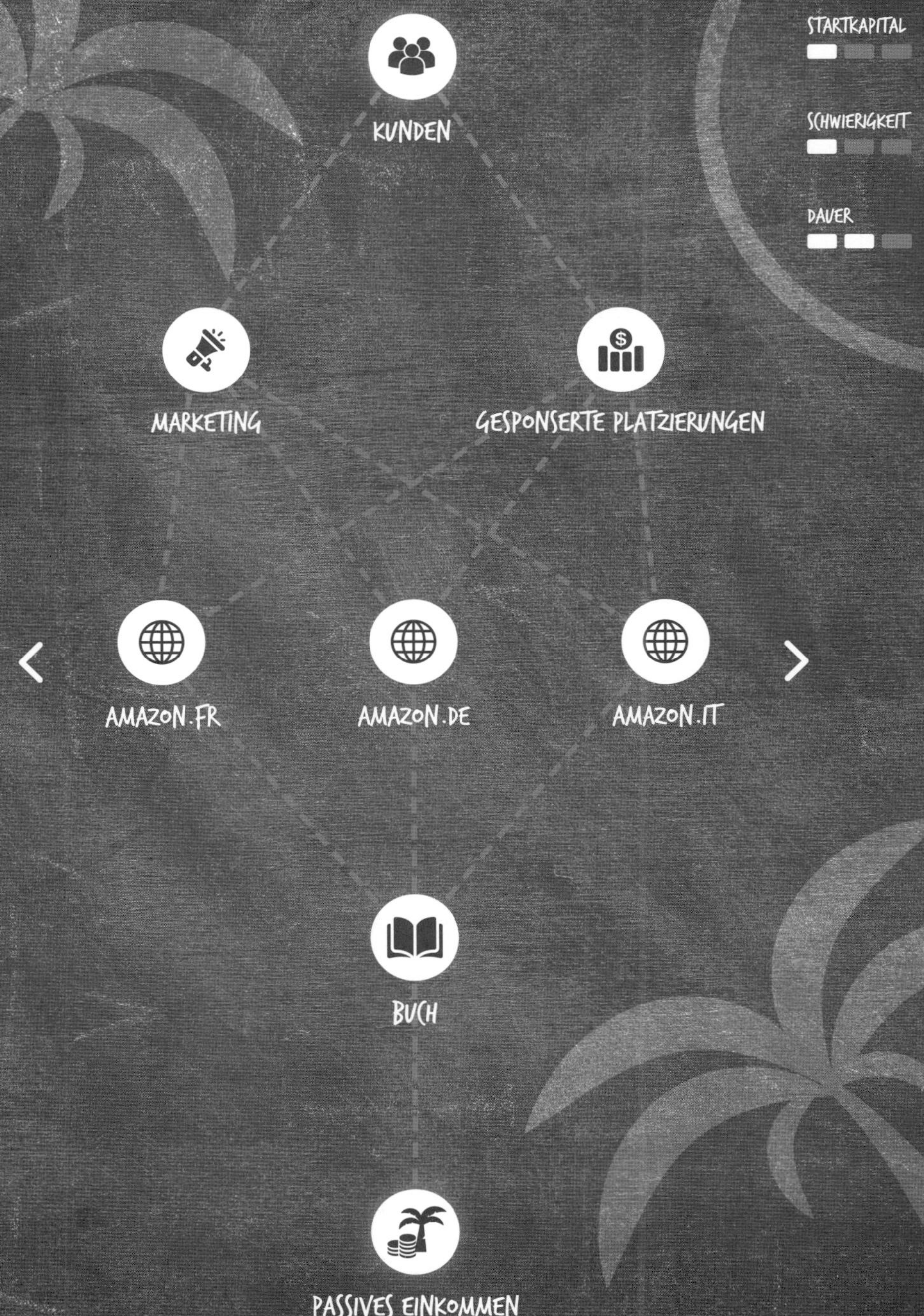

STARTKAPITAL
SCHWIERIGKEIT
DAUER
KUNDEN
MARKETING
GESPONSERTE PLATZIERUNGEN
AMAZON.FR
AMAZON.DE
AMAZON.IT
BUCH
PASSIVES EINKOMMEN

Plug-ins für Online-Shops und Websites

Für die meisten bekannten Online-Shop-Systeme wie zum Beispiel Shopify, Prestashop, Magento oder Shopware gibt es zahlreiche Plug-ins bzw. Add-ons, wie sie auch oft genannt werden.

Das sind Funktionserweiterungen für den jeweiligen Online-Shop, wie zum Beispiel zusätzliche Zahlungsmethoden, die Einbindung von Social Media Accounts und deren Inhalte oder die Möglichkeit von eigenen Preisen für Geschäftskunden. Solche Erweiterungen gibt es aber nicht nur für Shop-Systeme, sondern auch für viele Programme zur Erstellung und Verwaltung von Websites, auch CMS (Content-Management-System) genannt.

Für die Plug-ins gibt es meist einen eigenen Store, wo einerseits Entwickler diese anbieten und andererseits die Betreiber der Shops die benötigten Erweiterungen suchen und kaufen können. Die Entwickler der Plug-ins bieten diese kostenlos, zu einem einmaligen Preis oder gegen monatlichen Gebühren an. Letzteres klingt auf jeden Fall am interessantesten in Hinblick auf eine passive Einnahmequelle. Als Voraussetzung für diese Methode sollte man allerdings Programmierkenntnisse oder den Willen zum Erlernen dieser mitbringen. Wer ausreichende Mittel auf der hohen Kante hat, kann auch eine Agentur mit der Entwicklung beauftragen.

Analysiere wie immer erst die Konkurrenz im Plug-in-Store des jeweiligen Shop-Systems und achte darauf, welche Funktionen noch fehlen und sehr praktisch wären. Lies im Internet verschiedene Reviews und Vergleiche von den Shop-Systemen und finde so Funktionen, die sich die Betreiber der Stores noch wünschen.

Zum Beispiel unterstützen manche Systeme keine mehrsprachigen Online-Shops, worüber sich Betreiber oft beklagen. Im Plug-in-Store könnte man hier eine App zur Darstellung mehrerer Sprachen gegen eine monatliche Gebühr anbieten und würde damit höchstwahrscheinlich viele Kunden finden. Manchmal erfordern auch gesetzliche Veränderungen neue Plug-ins, wie etwa die Einwilligung zu Cookies oder die neuen Bestimmungen der Datenschutz-Grundverordnung (DSGVO). Halte also Ausschau nach Problemen, Wünschen und erforderlichen Veränderungen - und löse sie mit einem Plug-in!

STARTKAPITAL

SCHWIERIGKEIT

DAUER

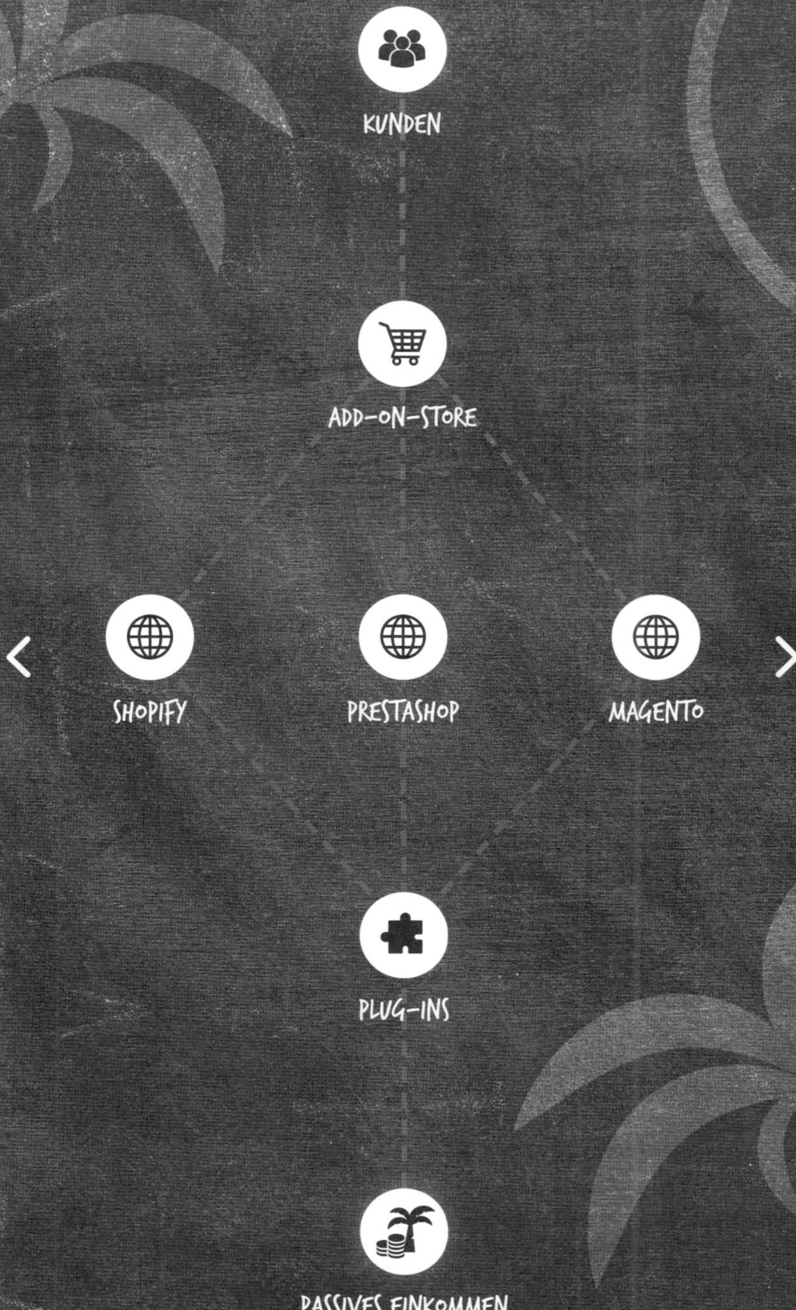

Privater Kreditverleih

Darlehen ohne Bank gesucht? Eine weitere Chance für passives Einkommen sind sogenannte Peer-to-Peer - kurz P2P - Kredite. Wie zum Beispiel auch Immobilien stellen sie allerdings hohe Anforderungen an das Startkapital, wenn man wesentliche Beträge damit erwirtschaften will.

Dabei wird Geld von Privatpersonen an Privatpersonen verliehen - aber auch neu gegründete Start-ups oder bestehende Unternehmen können dabei einen Kredit erhalten oder vergeben. Es gibt mehrere Plattformen im Internet, die solche Kreditgeber an passende Kontakte vermitteln. Entweder wird der Kredit von einer einzelnen Person oder von mehreren Personen (Crowdlending) vergeben.

Dabei profitiert der bzw. die Kreditgeber von einem passiven Einkommen durch regelmäßige Zinsen. Wie hoch diese Zinsen sind, variiert je nach Projekt und hängt meist von dem anzunehmenden Risiko und den Konditionen ab, welche der Projektgründer festlegt oder die Plattform vorgibt.

Der Vorteil von hohen Zinsen steht dem Risiko gegenüber, sein geliehenes Geld von Privatpersonen oder Unternehmen nicht mehr zurückzuerhalten. Allerdings kann man bereits mit kleinen Beträgen einsteigen und muss so anfangs nur ein niedriges Risiko eingehen.

Mit der Zeit kann man ein Gefühl für das Geschäft entwickeln, die Risiken besser einschätzen und die eigenen Kreditbeträge schließlich erhöhen. Man sollte sich allerdings im Klaren sein: Sicherheit bietet dieses Geschäftsmodell keine. Wie beim Spekulieren mit Aktien können jederzeit unvorhergesehene Ereignisse eintreten, die das eigene Kapital gefährden. Zu beachten ist zudem, dass die Zinsgewinne natürlich versteuert werden müssen - trotzdem sind die Zinssätze im Vergleich zu Banken verhältnismäßig hoch.

Zum Start mit dieser Idee muss man sich nur in einem entsprechenden Netzwerk im Internet anmelden und kann sofort mit kleinen Beträgen in Projekten anfangen. Damit daraus aber eine rentable und passive Einnahmequelle entsteht, müssen die Beiträge früher oder später gesteigert werden.

STARTKAPITAL

SCHWIERIGKEIT

DAUER

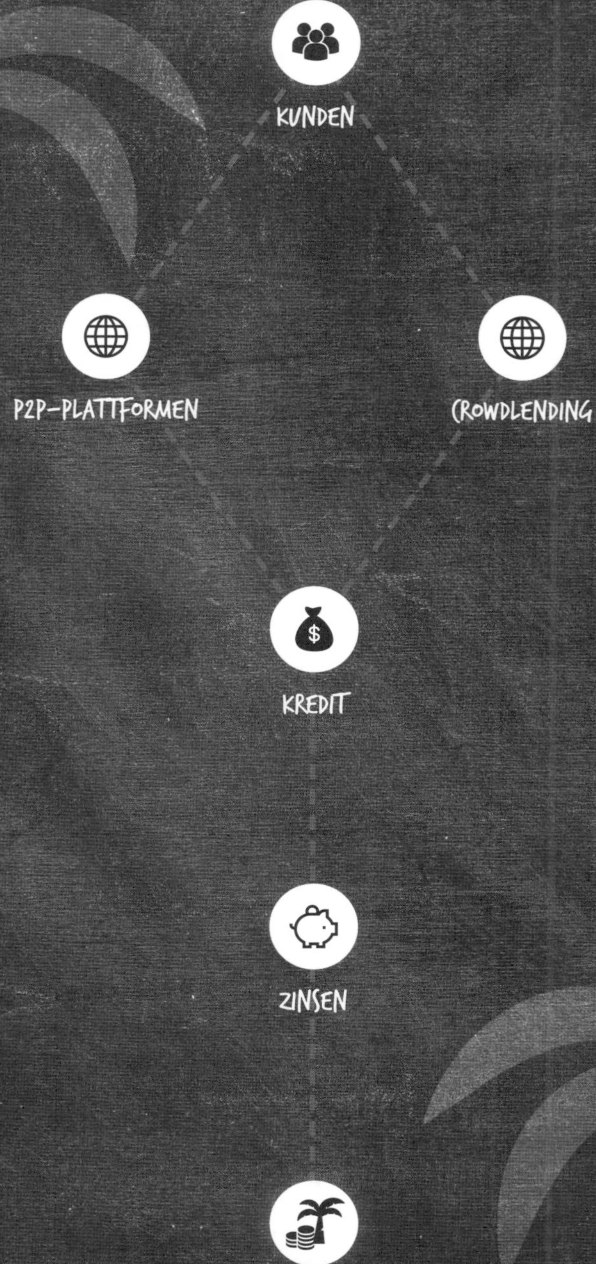

Hörbuch verkaufen

Wer bereits ein Buch oder E-Book geschrieben und veröffentlicht hat, kann es zusätzlich als Hörbuch produzieren lassen.

Wer dabei die teils hohen Kosten für die professionelle Produktion nicht investieren kann oder möchte, könnte das Hörbuch auch selbst aufnehmen. Allerdings sollte dies nur in Verbindung mit hochwertigem Equipment und entsprechender Software gemacht werden, denn schlechte Audioqualität und insbesondere Hintergrundrauschen sind bei Hörbüchern ein absolutes No-Go.

Wenn der Kauf oder das Mieten von hochwertiger Ausrüstung für die eigene Aufnahme keine Option ist, bleibt meist nur die Produktion durch ein professionelles Studio. Dieses übernimmt nicht nur die Suche nach einem geeigneten Sprecher bzw. einer geeigneten Sprecherin sowie die Aufnahme im Studio und das Mastering, sondern hilft in vielen Fällen auch bei der Vermarktung des Hörbuchs.

Wie anfangs erwähnt, kann die professionelle Produktion je nach Länge und Komplexität teuer werden, weshalb man in Erwägung ziehen sollte, das jeweilige Buch vorerst in physischer oder digitaler Form für den Verkauf zu testen. Wenn sich das Werk erfolgreich verkauft und die Kunden begeistert sind, kann man eine zusätzliche Fassung als Hörbuch mit dem bisher erzielten Gewinn finanzieren.

Aber es gibt auch Sonderfälle, wo ein Hörbuch sinnvoller und relevanter für Kunden ist als ein geschriebenes Buch - wie eventuell bei Erzählungen für Kinder oder einer Biografie mit vielen Interviews.

Das fertige Hörbuch verkauft man über die eigene Homepage als digitalen Download und/oder über Plattformen wie Audible. Erfreut sich das Produkt über viel Zuspruch bei der Zielgruppe, kann man es außerdem ebenfalls in anderen Sprachen als Hörbuch anbieten.

Um regelmäßige Verkäufe und damit passive Einnahmen zu erzielen, empfiehlt sich die Einrichtung von automatisierten, digitalen Marketingmaßnahmen auf Kanälen der angestrebten Zielgruppe - wie beispielsweise auf Social-Media-Plattformen, Suchmaschinen oder themenrelevanten Websites.

STARTKAPITAL
SCHWIERIGKEIT
DAUER
KUNDEN
MARKETING
GESPONSERTE PLATZIERUNGEN
WEBSITE
AUDIBLE
AUDIOVERTRIEB
HÖRBUCH
PASSIVES EINKOMMEN

Patente, Erfindungen und Lizenzen

Für die kreativen Köpfe unter den Lesern eignet sich das Patentieren von eigenen Ideen, um anschließend von Einkommen ohne Aufwand zu profitieren. Dabei kann sowohl an physischen, als auch digitalen Innovationen verdient werden.

Patentiert und geschützt werden können zum Beispiel Produkte, Verfahren, Marken und Designs. Wenn Dritte deine geschützten Inhalte verwenden, kannst du bei jedem Verkauf oder jeder Verwendung an einer vereinbarten Lizenzgebühr mitverdienen.

Beginne dafür in einer Branche, in der du dich gut auskennst, mit einer ausführlichen Suche nach Problemen oder Prozessen, die durch eine neue Erfindung optimiert werden könnten. Oft sind es nicht die komplizierten Ideen, die zum Erfolg führen, sondern die einfachen - die, die das Rad nicht neu erfinden, sondern nur für einen anderen Zweck verwenden oder es auf raffinierte Weise mit vorhandenen Dingen kombinieren.

Diese Methode für passives Einkommen setzt einige (Entwicklungs-)Arbeit, Kenntnisse und Geduld voraus, allerdings lässt sich je nach Patent viele Jahre oder gar ein Leben lang daran verdienen. Vorausgesetzt deine Idee kann patentiert werden - für diese muss erst eine ausführliche Recherche von eventuellen ähnlichen, bereits vorhandenen Patenten erfolgen. Gibt es keine widersprüchlichen Eintragungen, kann sie anschließend vom jeweiligen Patentamt in das Patentregister aufgenommen werden und ist somit in den eingetragenen Warenklassen vor Kopien der Konkurrenz geschützt.

Für diesen Prozess empfiehlt es sich auf jeden Fall, die Hilfe eines Patentanwalts in Anspruch zu nehmen, der dich und deine Idee unterstützt und in wichtigen Angelegenheiten berät. In weiterer Folge ist zu klären, ob ein landes-, europa- oder weltweites Patent den vorgesehenen Zweck und Schutz erfüllt.

Um die Chancen der Verwendung deiner Erfindung zu vergrößern, kannst du auch ganz aktiv passende Unternehmen auf ihr Interesse ansprechen oder explizit für die Verwendung deiner Idee werben und somit Lizenznehmer finden.

STARTKAPITAL

SCHWIERIGKEIT

DAUER

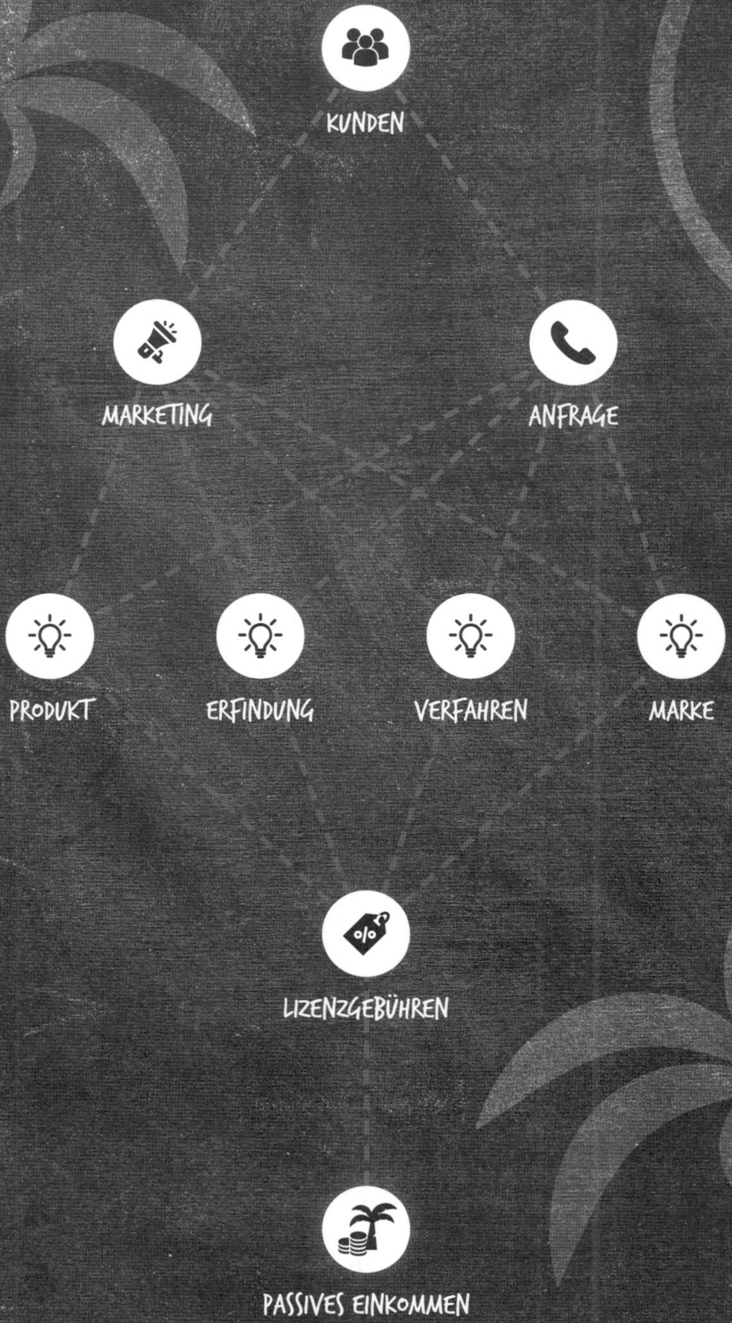

Nischen-Forum betreiben

Das Erstellen eines eigenen Diskussionsforums im Internet kann ebenfalls zum finanziellen Glück führen - vorausgesetzt, man findet eine spezielle Nische, für die es noch keine vergleichbaren oder nur inaktive Portale gibt.

Natürlich kann sich ein neues Forum auch in großen Themenbereichen und Branchen durchsetzen - aber meist ist dies dann nur mit einem entsprechenden Marketingbudget oder einem bestehenden Netzwerk in der vorgesehenen Branche möglich. Hat man diese Ressourcen nicht zur Verfügung, sollte man eine Nische identifizieren, für deren Community noch eine entsprechende Plattform fehlt. Zwar ist es einige Arbeit, ein Forum erst einmal aufzubauen und schließlich durch Marketing und Suchmaschinenoptimierung an die Zielgruppe zu gelangen, aber ab einem gewissen Zeitpunkt wird der Inhalt des Forums ausschließlich von den Mitgliedern geschrieben und diskutiert.

Sie sorgen dafür, dass die Community innerhalb des Forums aktiv bleibt und machen oft auch Personen in ihrem persönlichen Umkreis mit gleichen Interessen auf das Portal aufmerksam. Mit etwas Glück kann dadurch ein viraler Effekt erzielt werden und das Forum beginnt langsam aber sicher zu wachsen.

Sobald die Zielgruppe den Weg zu dem neuen Forum gefunden hat und schließlich eine aktive Community vorhanden ist, stehen viele Türen für passives Einkommen offen. Zum Beispiel können diverse Werbeanzeigen mit einem Netzwerk wie Google Adsense eingebunden und automatisiert geschaltet werden. Oder man verkauft permanente Werbeplätze im Direktverkauf an passende Unternehmen - sowie man auch verschiedene Platzierungen in gesponserten Artikeln anbieten könnte.

Aber mit einer interessenbasierten Zielgruppe - der Community des Forums - gibt es noch viele weitere Möglichkeiten. So kann man diese zum Beispiel dazu nutzen, um für ein eigenes Produkt oder eine eigene Dienstleistung wie eine Software oder App in der jeweiligen Branche zu werben und erleichtert sich so den Aufbau einer weiteren passiven Einnahmequelle.

STARTKAPITAL
SCHWIERIGKEIT
DAUER

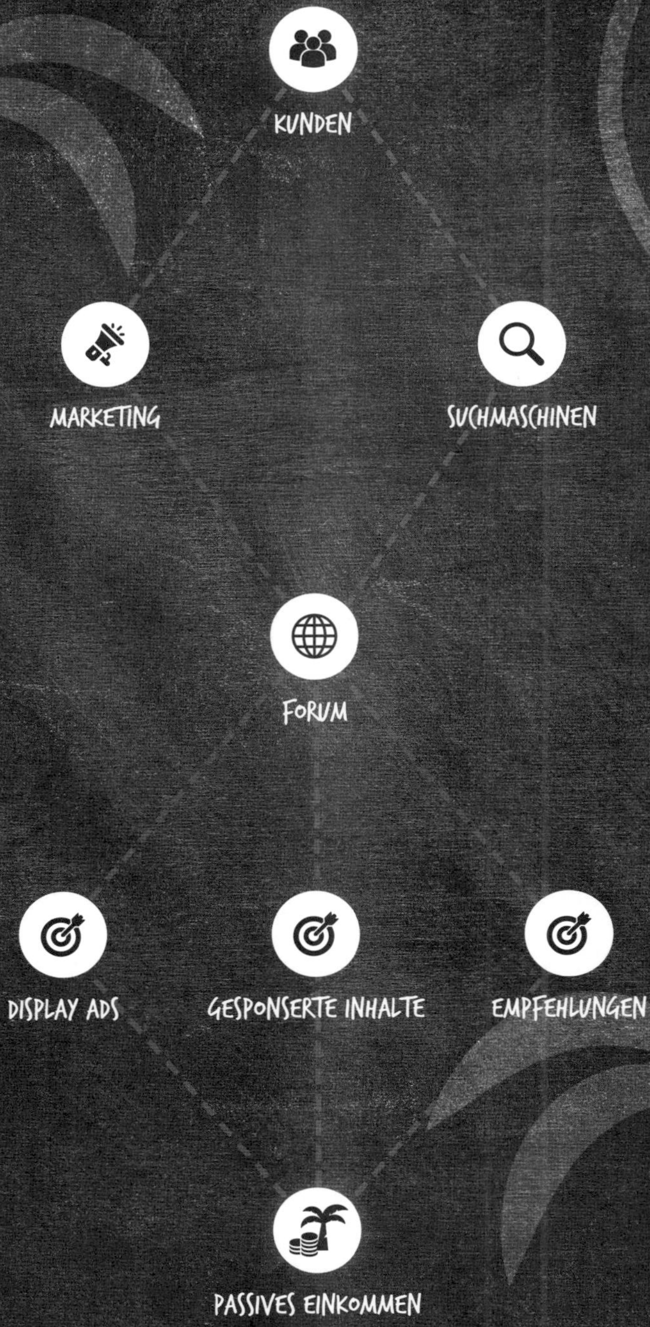
KUNDEN
MARKETING
SUCHMASCHINEN
FORUM
DISPLAY ADS
GESPONSERTE INHALTE
EMPFEHLUNGEN
PASSIVES EINKOMMEN

Digitale und physische Gütesiegel

Eine wohl eher unbekannte Maßnahme für passives Einkommen ist das Gründen eines Gütesiegels, das in einer ausgewählten Branche die Produkte, Dienstleistungen, Online-Shops oder Filialen anderer Unternehmen auf bestimmte Kriterien prüft.

Dabei werden die Prüfungen beispielsweise durch eine einmalige oder monatliche Zahlung - also einer Mitgliedschaftsgebühr - an passende Betriebe verkauft. Doch warum unterziehen sich Unternehmen freiwillig einer Prüfung und zahlen auch noch dafür?

Bei einem Gütesiegel geht es Unternehmen in erster Linie darum, Vertrauen bei Kunden zu schaffen und dadurch ihre Kaufentscheidung positiv zu beeinflussen. Dies setzt eine gewisse Bekanntheit und Transparenz des Gütesiegels voraus - um das aufzubauen, ist vorerst viel Arbeit und Zeit notwendig. Durch ein etabliertes Gütesiegel mit vielen Geschäftskunden ist aber ein regelmäßiges und passives Einkommen garantiert - je nach Bekanntheit und positiver Beeinflussung der Kaufentscheidung bei Kunden auch leicht ein Leben lang. Immer vorausgesetzt, dass das Gütesiegel das gewonnene Vertrauen bei Konsumenten konstant hält und nicht eines Tages durch mangelnde Sorgfalt bei der Prüfung verspielt.

Schauen wir uns vorerst den Online-Bereich an - sehr bekannt sind hier die Plattformen Trusted Shops und Trustpilot. Da es im Internet sehr viel Konkurrenz unter den digitalen Prüfsiegeln gibt, sollte man ein neues Gütesiegel auf eine passende Nische und Zielgruppe ausrichten. Im Offline-Bereich gibt es zum Beispiel Gütesiegel, die Lebensmittel prüfen und auszeichnen. Auch hier gibt es viele Möglichkeiten eines eigenen Qualitätszeichens - es muss auch gar nicht so ein heikles Thema wie die Herstellung von Lebensmittel sein, es könnte zum Beispiel auch die Bergtauglichkeit von Mountainbikes ausgezeichnet werden.

Eine anfängliche Strategie um an Bekanntheit zu gewinnen, wäre es, passenden Unternehmen die Auszeichnung vorerst kostenlos anzubieten und auf diese Weise das Gütesiegel bei der Zielgruppe bekannt zu machen - solange, bis sich schließlich der Spieß umdreht und Unternehmen um die Prüfung für das Gütesiegel anfragen.

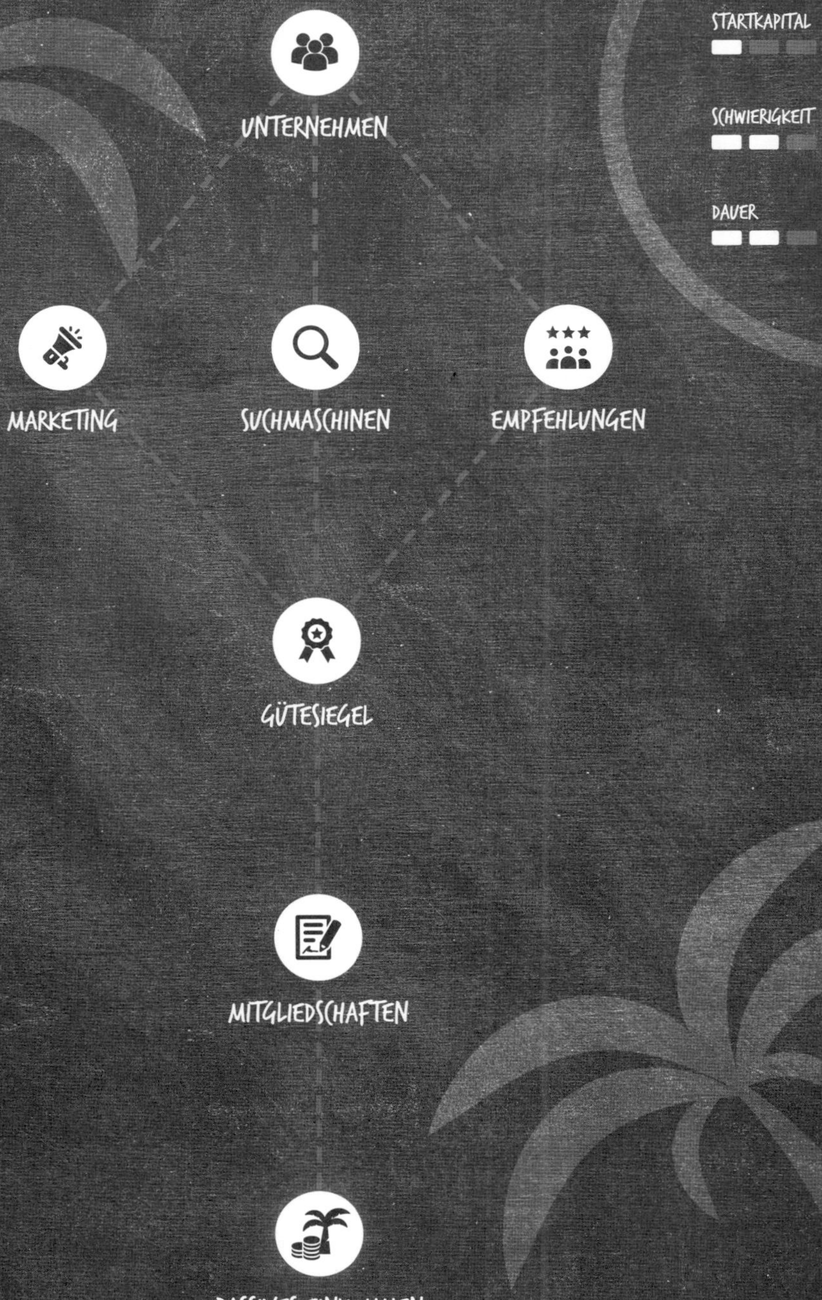
STARTKAPITAL
SCHWIERIGKEIT
DAUER
UNTERNEHMEN
MARKETING
SUCHMASCHINEN
EMPFEHLUNGEN
GÜTESIEGEL
MITGLIEDSCHAFTEN
PASSIVES EINKOMMEN

Eigene Plattform für Stockfotos

Was ist noch besser als das Verkaufen von Bildern und Videos auf bestehenden Stockfoto-Plattformen? Richtig - das Erstellen einer eigenen Plattform! Dabei richtet man am besten den Fokus auf eine spezifische Branche oder Nische, um der Zielgruppe besonders relevantes Material und somit ein Alleinstellungsmerkmal bieten zu können. Schließlich sind die Chancen ziemlich gering, sich gegen eine der etablierten Stockfoto-Plattformen durchzusetzen.

Mit Fotos und Videosequenzen für spezifische Branchen stößt man bei der Zielgruppe in der Regel auf viel Zuspruch, da sie dort genau das Material finden, das sie für ihr Vorhaben benötigen. Nehmen wir zum Beispiel Restaurants - diese finden auf deiner Stockfoto-Plattform hochwertiges Material wie Bilder von verschiedensten Speisen, Getränken und Desserts und können diese zur Bewerbung und Erstellung von Druckmaterial verwenden.

Auch hier gibt es unzählige Möglichkeiten für passives Einkommen, sobald die Plattform an Bekanntheit erlangt hat. Man kann zum Beispiel pro verkauftem Werk Geld oder Credits - eine eigene Währung für die Plattform - verlangen. Oder man bietet alle Inhalte bzw. eine zeitlich begrenzte Anzahl an Material oder Credits gegen eine monatliche Gebühr an.

Zudem kann man auch Fotografen aus aller Welt das Verkaufen auf der Plattform gestatten und so die Inhalte großteils oder ausschließlich von der Community erstellen lassen - mit einer Verkaufsprovision versteht sich. Die großen Stockfoto-Plattformen können gerade durch dieses System so viele Inhalte anbieten.

Voraussetzung für ein Bezahlmodell sind natürlich ausreichend Bilder - die Kunden sollen schließlich auch einen Nutzen aus der Mitgliedschaft ziehen können. Oder man bietet alles kostenlos an, wie zum Beispiel die Plattform Pixabay. Bei diesem Modell erstellt meist großteils die Community die Inhalte, welche anschließend gratis heruntergeladen und verwendet werden können. Hier würde sich dann passives Einkommen durch Werbeanzeigen oder gesponserte Einträge, wie die Suchergebnisse einer zahlungspflichtigen Stock-Website, erzielen lassen.

STARTKAPITAL
SCHWIERIGKEIT
DAUER
KUNDEN
MARKETING
SUCHMASCHINEN
EIGENE STOCKFOTO-PLATTFORM
DISPLAY ADS
GESPONSERTE ERGEBNISSE
MITGLIEDSCHAFT
PASSIVES EINKOMMEN

Franchise-Unternehmen

Die großen, bekannten Unternehmen machen es vor: Franchising. Besonders in der Gastronomie ist es ein sehr beliebtes Geschäftsmodell, da jeder Franchisenehmer von der Bekanntheit der Marke profitiert. Aber Franchise findet man in fast jeder Branche - wie zum Beispiel auch bei Reisebüros oder Friseurstudios - oder in verschiedenen Varianten, wie bei Produkten oder Dienstleistungen. Zudem kann bei Franchising auch ausschließlich Know-how und Wissen weitergegeben werden.

Die Idee von einem eigenen Franchise-Unternehmen bietet viele Aussichten auf passives Einkommen durch Geschäftspartner. Aber spulen wir kurz zurück - was ist Franchise überhaupt?

Beim Franchising wird ein vertraglich festgelegtes Geschäftskonzept gegen ein Entgelt weitergegeben. Es ist also im Prinzip ein Kooperations- und Vertriebssystem, das einem Unternehmen oder einer Marke ein schnelles und internationales Wachstum ermöglicht. Der Franchisenehmer, also der Nutzer des Konzepts, ist dabei selbständiger Unternehmer und muss meist einige Bedingungen für die Teilnahme erfüllen. Das können finanzielle Voraussetzungen sein, wie ein Startkapital, wirtschaftliche Erfolgsnachweise oder Eintrittsgebühren zum Start mit dem Konzept. Außerdem ist der Franchisenehmer je nach System meist dazu verpflichtet, eine laufende Lizenzgebühr als Prozentanteil vom Umsatz an das Franchise-Unternehmen zu bezahlen. Diese Gebühr kann oft bis zu einem Drittel des Umsatzes ausmachen.

Hier beginnt das passive Einkommen als Besitzer eines Franchise-Betriebes. Denn die Geschäftspartner, also die Franchisenehmer, bezahlen regelmäßig je nach Umsatz oder einer anderweitig festgelegten Regelung eine Franchise-Gebühr. Diese steht nicht mit der Arbeitszeit des Betreibers in Verbindung, wodurch dieser stets Einnahmen ohne Aufwand erzielt. Trotz der vielen Arbeit, nach der dieses Geschäftsmodell anfangs verlangt, sowie den rechtlichen Aspekten, die es zu beachten gilt, sprechen die Vorteile eines eigenen Franchise-Konzeptes für sich. Einen ausgeprägten Geschäftssinn, viel Zeit und Fachkenntnisse sollte man auf jeden Fall zum Aufbau eines solchen Systems mitbringen.

STARTKAPITAL

SCHWIERIGKEIT

DAUER

Metasuchmaschine für Reisen

Viele große Chancen auf passives Einkommen gibt es auch in der Tourismus- und Reisebranche. Doch wie gelingt es, passiv am Urlaub anderer mitzuverdienen, während man bestenfalls selbst gerade auf Reisen oder im Urlaub ist? In dieser Methode sehen wir uns das Erstellen und Betreiben eines eigenen Reiseportals mit einer Metasuchmaschine an. Keine Angst - das klingt jetzt vielleicht etwas komplizierter, als es eigentlich ist.

Eine sehr bekannte Hotel-Metasuchmaschine mit Milliarden an Besuchern pro Jahr ist zum Beispiel Trivago. Bei dieser Art von Suchmaschinen werden keine eigenen Ergebnisse bzw. Angebote angezeigt, sondern die Suchanfrage wird an mehrere externe Suchmaschinen gleichzeitig weitergeleitet und anschließend die gesammelten Ergebnisse angezeigt.

Der Vorteil dieser Suchmethode liegt auf der Hand - ohne selbst unzählige Angebote im Portfolio haben zu müssen, kann man sehr viele Hotels und Reise-Deals durch andere Portale anbieten. Allerdings braucht es viel Zeit, Arbeit und ein großes Marketingbudget, um ein eigenes Reiseportal aufzubauen und bekannt zu machen. Trotzdem sieht man immer wieder neue Reiseportale, die beispielsweise durch gezielte TV-Werbung bekannt werden und es so schaffen, sich in kurzer Zeit eine große Community aufzubauen und sich gegen die starke Konkurrenz durchzusetzen.

Da du nun schon einige Ideen für passive Einnahmequellen in diesem Buch gelesen hast, sollten dir im Idealfalls bereits Verdienstmöglichkeiten zu dieser Methode einfallen. Zum Beispiel Werbeanzeigen, gesponserte Inhalte oder das beliebte CPC-Modell. Dabei zahlt das Unternehmen, dem du durch dein Reiseportal einen interessierten Kunden weitergeleitet hast, Kosten pro Klick (Cost per Click, kurz CPC). Du kannst auch die Abrechnung pro Conversion, also bei tatsächlicher Reisebuchung des weitergeleiteten Besuchers, festlegen oder deine Website ausschließlich für registrierte Mitglieder zugänglich machen - ein Beispiel dafür ist das bekannte Reiseunternehmen Secret Escapes. Wie man sieht, sind die Möglichkeiten mit einem solchen Portal sehr vielfältig - zumindest sobald man es geschafft hat, ein solches aufzubauen.

STARTKAPITAL
SCHWIERIGKEIT
DAUER
KUNDEN
MARKETING
SUCHMASCHINEN
EIGENES REISEPORTAL
WERBUNG
WEITERLEITUNG
MITGLIEDSCHAFT
REISEVERANSTALTER
HOTELS
PASSIVES EINKOMMEN

Eigenes Nischen-Hotelportal

Eine etwas einfachere Möglichkeit als das Aufbauen eines großen Reiseportals mit Metasuchmaschine ist das Erstellen eines normalen Hotelportals für einen speziellen Bereich oder eine Nische.

Im Gegensatz zu einer Metasuche bietet man dabei ausschließlich eigene Angebote an, die mit den jeweiligen Hotels und Kooperationspartnern vereinbart wurden. Interessierte Besucher können dann entweder direkt auf dem Portal ihre Reise buchen oder werden zum gewählten Hotel und dessen Website zur Buchung weitergeleitet. Letzteres ist natürlich die unkomplizierteste Methode, da man keine Buchungsstrecke und Zahlungsmöglichkeiten auf dem eigenen Reiseportal einrichten und anbieten muss.

Gleich wie bei einer Metasuchmaschine sorgen hier Mitgliedschaften, Gebühren für die Vermittlung, Werbung oder gesponserte Inhalte für passives Einkommen.

Mit einer passenden Nische stehen die Chancen gut, von Beginn an viel Zuspruch bei der Zielgruppe und auch bei Hotelpartnern zu finden. Beispiele dafür wären Reiseportale für bestimmte Städte, Orte, Regionen, Aktivitäten, Anlässe, Bedürfnisse oder Vorlieben. So könnte man beispielsweise ein Hotelportal erstellen, das sich nur auf Silvesterreisen fokussiert. Dabei würde man etwa Hotelpartner in New York, Paris, Dubai und weiteren schönen Städten anstreben. Die Zielgruppe freut sich bei einem solchen Portal, genau die Angebote zu finden, nach denen sie suchen.

Oder wie wäre es mit Wellness, Aktivurlaub, Hotels für Personen mit eingeschränkter Mobilität oder Luxushotels? Die Möglichkeiten sind groß, genauso wie die Einnahmequellen für passives Einkommen - sobald das Portal erst einmal bekannt ist und man eine treue Community gebildet hat.

Hotelpartner werden beispielsweise mit klassischer Kaltakquise und B2B-Marketingmaßnahmen gewonnen - solange, bis das Reiseportal an einem Punkt ankommt, wo schließlich die Hotels um eine Kooperation anfragen, weil sie vom Portal durch Kunden, durch die Konkurrenz oder andere Quellen erfahren haben.

STARTKAPITAL
SCHWIERIGKEIT
DAUER
KUNDEN
MARKETING
SUCHMASCHINEN
NISCHEN-HOTELPORTAL
WERBUNG
WEITERLEITUNG
MITGLIEDSCHAFT
HOTELS
PASSIVES EINKOMMEN

App für Smart-TVs

Immer mehr Menschen steigen um auf moderne Fernseher, die dank Anbindung an das Internet viele zusätzliche Möglichkeiten zur Unterhaltung oder Information bieten. Im eigenen Store stehen unzählige Apps zum Download bereit - wie etwa zum Thema Radio, Streaming, Musik, Gaming, Social Media, Wetter oder News. Und es gibt noch viel mehr Möglichkeiten und Themen für Apps - zudem kann man in naher Zukunft mit weiteren Kategorien rechnen.

Programmierer mit den entsprechenden Kenntnissen können sich durch die Entwicklung solcher Anwendungen ein passives Einkommen sichern. Da immer mehr Smart-TVs gekauft werden und anzunehmen ist, dass in Zukunft fast ausschließlich solche Geräte die Wohnzimmer der Haushalte verschönern werden, lohnt sich der Aufsprung auf diesen Zug gewiss - er fährt nämlich gerade erst los.

Wie bei Apps für das Smartphone oder bei Software für den Computer gibt es hier mehrere Möglichkeiten für passives Einkommen.

Zu beachten ist allerdings, dass einige App-Stores von TV-Herstellern derzeit selbst keine Zahlung abwickeln können - der Kauf oder Abschluss einer Mitgliedschaft muss daher auf einem anderen Gerät oder auf eine andere Weise erfolgen. In diesem Fall könnte man eine Smart-TV-App zum Beispiel als (kostenpflichtige) Erweiterung einer bestehenden Anwendung anbieten. Das ist vor allem bei Entwicklern von Video- und Audio-Streaming Apps beliebt.

Außerdem bieten auch schon so manche Smart-TVs die Möglichkeit von eigenen Videospielen. Einige Spieleentwickler haben diese Chance früh wahrgenommen und bieten bereits kostenpflichtige Videospiele für Fernsehgeräte an. Wenn auch du Erfahrung in dieser Branche hast, kannst du mit einem Spiel oder einer App für passives Einkommen sorgen. Bei entsprechendem Budget und etwas Risikobereitschaft kann man seine Idee auch in die Hände eines Entwicklerstudios legen.

Wie auch zu Beginn der App-Stores für Smartphones gibt es für Anbieter in diesem frühen Stadium der Smart-TV-App-Stores sehr große Chancen auf Erfolg und langfristige, passive Einnahmen.

STARTKAPITAL
SCHWIERIGKEIT
DAUER
KUNDEN
SMART-TV-STORE
DEINE APP
KAUF
IN-APP-KÄUFE
ABO
PASSIVES EINKOMMEN

Garagen oder Stellplätze vermieten

In Städten oder in der Nähe von Flughäfen und Bahnhöfen ist vor allem eines gefragt: Parkfläche. Im Gegensatz zu Immobilien stellt diese Methode eine leichtere Einstiegsmöglichkeit dar, ohne enormes Startkapital oder einen großen Kredit passives Einkommen aus Mietverträgen zu erhalten.

Voraussetzung zum Start ist der Besitz, Kauf oder die Anmietung von einer oder mehreren Garagen, Parkflächen oder Grundstücken zur Errichtung von Stellplätzen. Suche dafür auf verschiedenen Immobilienplattformen und -marktplätzen nach Inseraten, um ein entsprechendes Objekt zu finden. Dieses sollte selbstverständlich für die Vermietung geeignet sein und sich an einem gut frequentierten Ort befindet, wo Parkplätze sehr gefragt sind.

Dabei muss man nicht unbedingt gleich ein enormes finanzielles Risiko eingehen - man kann auch nur mit einer einzelnen Parkfläche beginnen. Schließlich kann man jederzeit weitere Investitionen tätigen und die Stellplätze erweitern, um die monatlichen Mieteinnahmen zu erhöhen. Wer hingegen bereits mehr Erfahrung und das notwendige Kleingeld mitbringt, der kann natürlich auch den Start mit mehreren oder größeren Objekten in Erwägung ziehen.

Um zu entscheiden, ob sich ein Kauf lohnt, sollte man vergleichbare Angebote in der gewünschten Stadt oder Region prüfen. Außerdem kann man sich auch direkt bei Einwohnern, der Gemeinde oder dem zuständigen Bezirksamt erkundigen, ob ein konkreter Bedarf an Parkflächen besteht.

Stelle im nächsten Schritt den Kaufpreis den potenziellen Mieteinnahmen gegenüber und rechne dir aus, wie lange es dauert, bis sich das Objekt von selbst abbezahlt hat und anschließend für ein passives Einkommen sorgt.

Um die Vermietung ohne Aufwand zu gestalten, empfiehlt es sich, ein externes Unternehmen für die Verwaltung der Abrechnungen sowie gegebenenfalls für die Suche nach neuen Mietern in den Preis einzukalkulieren. Alternativ könnte sich das auch mit Software oder einer speziellen Website einrichten und automatisieren lassen.

STARTKAPITAL

SCHWIERIGKEIT

DAUER

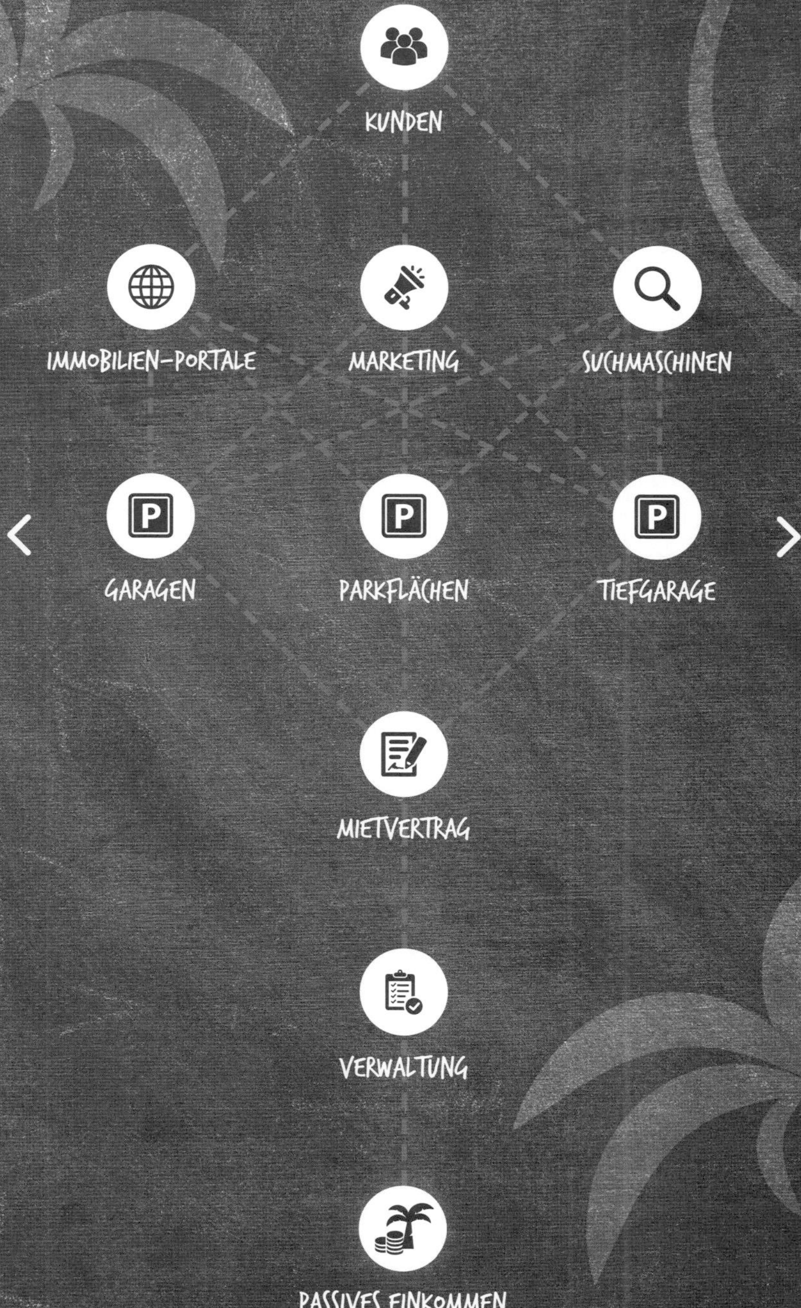

Crowdinvesting

In dieser Idee für passives Einkommen nehmen wir das sogenannte Crowdinvesting unter die Lupe. Dabei investieren mehrere Personen (die Crowd) in ein Projekt - wie zum Beispiel in ein Start-up-Unternehmen - und profitieren dafür von Beteiligungen an zukünftigen Gewinnen und einem möglichen Exit, also dem Verkauf der (Unternehmens-)Anteile mit größtmöglichem Gewinn.

Der Vorteil bei mehreren beteiligten Investoren spiegelt sich in der Investitionssumme wider - hier muss nicht eine einzige Person das ganze Kapital bereitstellen, sondern es wird von mehreren Investoren in kleineren Beträgen gesammelt.

Auf diese Weise ist es möglich, mit gemeinsamer Hilfe große Geldsummen für ein Projekt aufzubringen. Dabei entscheidet jeder Beteiligte selbst, in welcher Höhe seine Investition ausfällt - außer es gibt spezielle Bestimmungen für ein Projekt oder festgelegte Teilnahmebedingungen auf der jeweiligen Plattform.

Crowdinvesting macht es also in vielen Fällen möglich, bereits mit kleinen Beträgen in die Welt der Investoren einzutauchen. Das macht es vor allem für Einsteiger interessant, da man mit geringem Risiko starten und die Beträge jederzeit anpassen kann.

Wie bei jeder Investition - und vor allem bei unbekannten Anbietern und Portalen im Internet - sollte man das Risiko für ein potenzielles Investment gründlich abwägen. Viele Start-ups scheitern und auch nicht alle anderen Projekte sind mit Erfolg gesegnet. Crowdinvesting ist also in vielen Fällen ein Spiel auf Risiko, das man zwar gewinnen, aber ebenso auch verlieren kann.

Grundsätzlich gilt - je größer das Risiko des Projektes und je höher die Investitionssumme ist, umso höher sind meist auch die Beteiligungen, die Projektgründer in Aussicht stellen.

Damit dieses Geschäftsmodell also erwähnenswerte Gewinne abwirft, sind früher oder später höhere Investitionssummen erforderlich. Bei der Investition von kleineren Geldbeträgen eignet es sich ansonsten im Normalfall nur als eine zusätzliche Einnahmequelle.

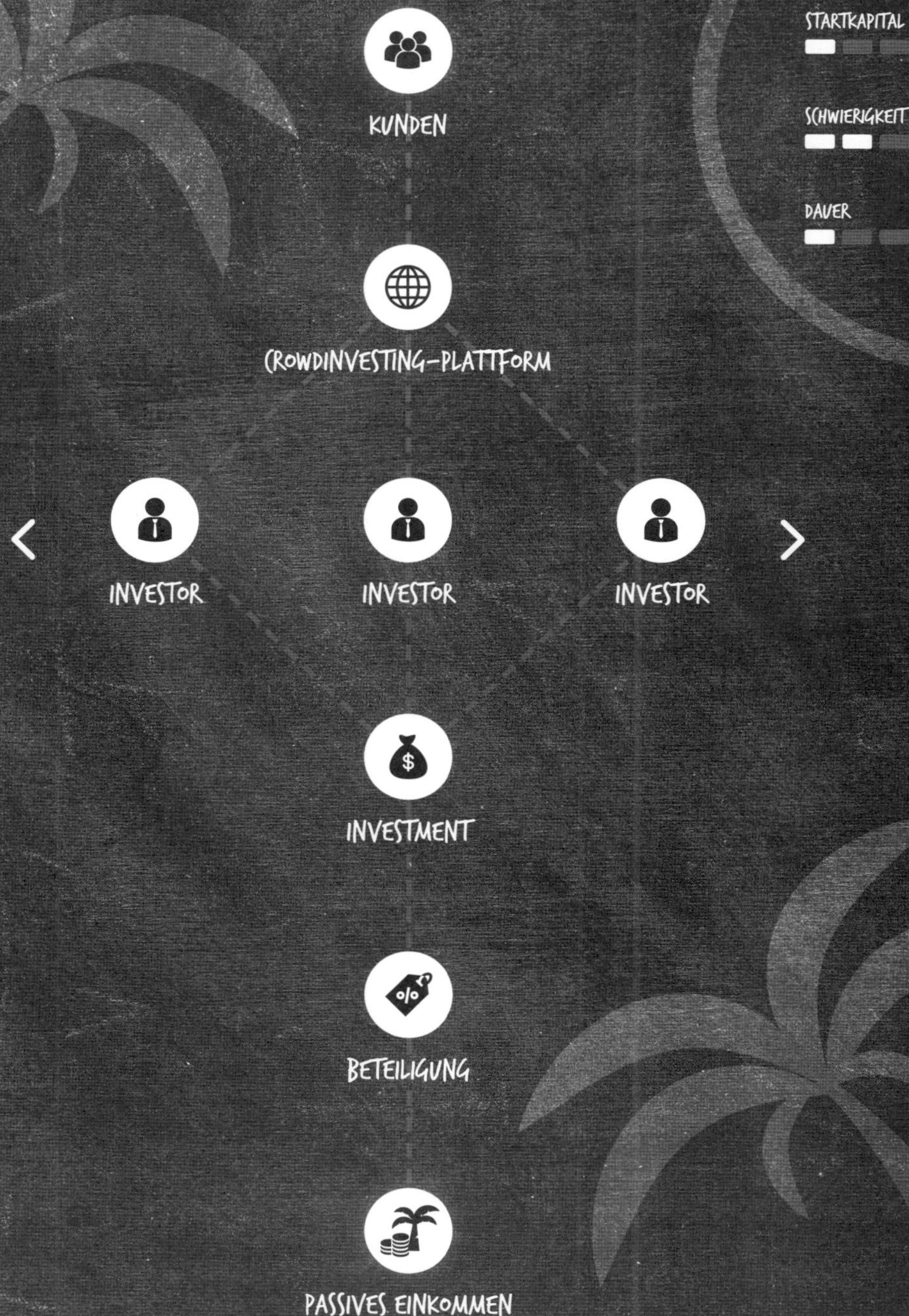
STARTKAPITAL
SCHWIERIGKEIT
DAUER
KUNDEN
CROWDINVESTING-PLATTFORM
INVESTOR
INVESTOR
INVESTOR
INVESTMENT
BETEILIGUNG
PASSIVES EINKOMMEN

Energieanlagen

In einer Zeit, in der die Umweltfreundlichkeit bei den Konsumenten immer weiter in den Fokus rückt und teils auch zum Kaufentscheidungskriterium wird, sind Energieanlagen nicht mehr wegzudenken. Haushalte, die mit Solarenergie den eigenen Strom erzeugen, reduzieren fossile Brennstoffe und Kohlendioxidemissionen, die bei der normalen Erzeugung von Strom die Umwelt belasten.

Neben diesen umweltlichen Aspekten erklären vor allem die finanziellen Vorteile einer eigenen Energieanlage das rasante Wachstum dieses Marktes in den letzten Jahren.

Wenn man ein Haus, eine Wohnung oder eine passende Fläche besitzt, kann man sie mit einer Fotovoltaikanlage ausstatten und auf diese Weise passives Einkommen generieren. In vielen Ländern werden solche Anlagen und deren Erweiterung sogar mit einem speziellen Kredit gefördert, was dieses Vorhaben umso attraktiver macht. Den erzeugten Solarstrom kann man an einen örtlichen Stromnetzbetreiber verkaufen und erhält so eine Vergütung. Bei Anlagen bis zu einer gewissen Größe ist der Stromnetzbetreiber sogar meist dazu verpflichtet, den erzeugten Strom abzunehmen.

Aber es geht auch einfacher: Statt eine Fotovoltaikanlage zu kaufen und installieren zu lassen, kann man auch das Dach der eigenen Wohnung oder eine geeignete Fläche an ein Energieunternehmen vermieten. Dieses kümmert sich nicht nur um die kostenfreie Montage und Einspeisung der Anlage, sondern auch später um den Abbau - falls dieser gewünscht ist.

Neben dem Verkauf von Solarstrom gibt es zudem auch andere Anlagen für passives Einkommen, wie zum Beispiel die private Erzeugung von Windenergie oder Strom aus Wasserkraft.

Dafür müssen aber die entsprechenden örtlichen und gesetzlichen Voraussetzungen gegeben sein. Für eine Windkraftanlage braucht es verständlicherweise eine Gegend mit regelmäßig vorhandenen Winden, um kinetische Energie gewinnen zu können - außerdem ist vorab zu klären, ob eine private Windenergieanlage im jeweiligen Ort zulässig ist. Sie könnte womöglich die Nachbarn stören.

KUNDEN
DACH
FLÄCHE
ENERGIEANLAGE
ENERGIEANLAGE
ENERGIEANLAGE
STROMANBIETER
VERGÜTUNG
PASSIVES EINKOMMEN
STARTKAPITAL
SCHWIERIGKEIT
DAUER

Carsharing

Teilen macht glücklich - eine einfache und schnelle Verdienstmöglichkeit, die eventuell für ein paar Leser infrage kommt, ist das Vermieten des eigenen Autos. Wer mehrere Fahrzeuge besitzt, eigentlich keines oder es nur teilweise braucht oder alternative Möglichkeiten hat, kann auf diese Weise passiv Geld verdienen.

Solche Sharing-Modelle sind in den Vereinigten Staaten bereits ein großes Thema - auch in Europa gewinnen sie immer mehr an Beliebtheit. Ein gutes Beispiel ist die Carsharing-Plattform Drivy. Hier wird es Autobesitzern ermöglicht, sich mit der Vermietung ihres Fahrzeugs ein zusätzliches Einkommen zu sichern.

Die Mieter des eigenen Autos werden dabei von der Plattform per Führerschein und Erkennungssystem geprüft, zudem muss der Mieter zwecks der Nachvollziehbarkeit und Sicherheit mehrere Fotos vom Zustand des Autos machen - selbstverständlich vor der Inbetriebnahme und dem Losfahren. Damit man keine zusätzliche Arbeit bei der Vermietung des Autos hat, wie die Schlüsselübergabe und Rücknahme des Fahrzeugs, bietet Drivy übrigens das Installieren einer Box an, mit der die Mieter das Auto unkompliziert über ihr Smartphone entriegeln können. Damit werden die Abläufe automatisiert und man kann sich entspannt zurücklehnen, während das eigene Fahrzeug Einnahmen erzielt.

Wenn man außerdem ein besonderes Auto wie etwa einen Sportwagen oder Oldtimer hat, könnte man diese über Plattformen oder gegebenenfalls über eine eigene Website für verschiedene Anlässe, wie zum Beispiel Hochzeiten oder Feiern, vermieten.

Natürlich kann man Carsharing auch im größeren Stil betreiben und ein eigenes Unternehmen für diesen Zweck gründen. Eine Flotte an Fahrzeugen, die optisch und technisch auf diesen Zweck ausgerichtet sind, stehen den Kunden dabei an mehreren Stellplätzen oder eigenen Stationen in einer Stadt oder einer ganzen Region zur Verfügung. In diesem Fall könnte man durch monatliche oder jährliche Mitgliedschaftsgebühren der Nutzer passives Einkommen erhalten. Alternativ könnte man auch pro Fahrt abrechnen - bestenfalls automatisiert über Nutzerkonten mit Guthaben.

STARTKAPITAL

SCHWIERIGKEIT

DAUER

Network-Marketing

Mit regelmäßigen Verkaufsprovisionen kann auch Network-Marketing bzw. Multi-Level-Marketing (MLM) für passive Einkünfte von Interesse sein. Doch was versteht man darunter eigentlich genau?

Network-Marketing ist eine bestimmte Form des Vertriebs, bei der Produkte oder Dienstleistungen von Mitarbeitern auf selbständiger Basis verkauft und vertrieben werden. Dabei verdient man eine Provision bei Direktverkäufen und/oder bei der Rekrutierung neuer, selbständiger Mitglieder. Diese können und sollten wiederum auch neue Verkaufspartner finden - so ergibt sich der typische Strukturvertrieb eines Multi-Level-Marketing-Systems.

Neben einer motivierten und gleichgesinnten Community und viel Teamwork spricht ein Vorteil klar für sich: Man verdient bei jedem Verkauf seiner rekrutierten Verkäufer mit und sogar meistens bei deren rekrutierten Mitglieder - und so weiter. Man verdient also sozusagen bei seinem ganzen Zweig, der sogenannten Downline, die man aus Mitgliedern aufgebaut hat.

Um erfolgreich mit und in so einem System zu sein, sollte man allerdings einige Voraussetzungen mitbringen. Zum Ersten muss die eigene Persönlichkeit und Motivation mit dem jeweiligen MLM-System harmonieren, des Weiteren braucht es Zeit, die richtigen Mitglieder zu finden - die, die ebenfalls sehr motiviert und bestrebt sind, Verkäufe und neue Abschlüsse zu erzielen.

Schließlich erhält man nur dann passives Einkommen, wenn die geworbenen Mitglieder auch tatsächlich regelmäßig verkaufen und neue Personen für das jeweilige Geschäftsmodell werben.

Deshalb erfordern diese Systeme auch so manche Arbeit - neben dem Aufbau seiner eigenen Downline sollte man sein Team schließlich laufend motivieren und Events zur Mitglieder- und Kundenakquise besuchen. Nach dem Aufbau kann man es nach und nach in Richtung einer passiven Einnahmequelle gestalten. Leider wird der Ruf von solchen Vertriebssystemen immer wieder durch unseriöse Firmen und illegale Praktiken in Mitleidenschaft gezogen, weshalb viele Menschen oft geteilter Meinung zu diesem Thema sind.

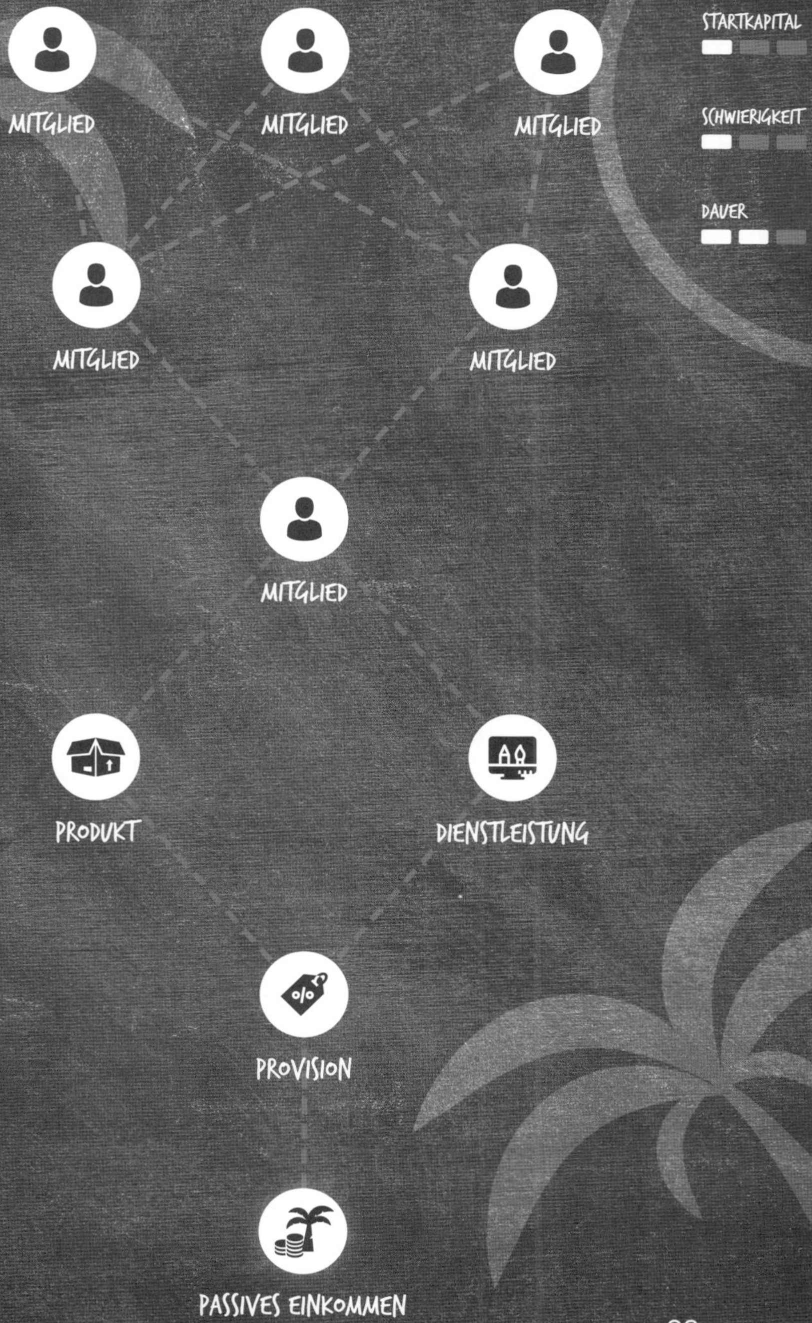
STARTKAPITAL
SCHWIERIGKEIT
DAUER
MITGLIED
MITGLIED
MITGLIED
MITGLIED
MITGLIED
MITGLIED
PRODUKT
DIENSTLEISTUNG
PROVISION
PASSIVES EINKOMMEN

Grafische Vorlagen verkaufen

Agenturen, Grafikern und Web-Designern fehlt es oft an Zeit, alle Arbeiten vollständig selbst zu erstellen. Die Lösung darauf sind grafische Vorlagen. Sie können unkompliziert im Internet heruntergeladen und im Handumdrehen auf professionelle Weise genutzt werden. Beispiele dafür sind vorgefertigte Grafiken, Web-Templates oder Mockups - da sie eine große Zeitersparnis und in der Regel auch eine hohe Qualität bieten, wird das Herunterladen und Nutzen solcher Vorlagen immer beliebter.

Sehen wir uns zunächst Web-Templates an. Das sind Designvorlagen für Websites und Online-Shops. Die Benutzer müssen nur die gekaufte Theme-Datei oder den Code auf die Website hochladen und haben in Kürze eine professionelle Vorlage für ihren Webauftritt, die sie nur noch mit ihren Inhalten befüllen müssen. Wenn deine Programmierkenntnisse ausreichen, kannst du mit deinen eigenen Themes für diverse Web-Systeme passiv Geld verdienen. Biete sie dafür auf deiner eigenen Website sowie auf beliebten Theme-Stores der Zielgruppe an.

Eine weitere Option sind Designvorlagen. Das können zum Beispiel fertig gestaltete Broschüren, Geburtstagseinladungen, Flyer oder Poster sein. Biete die Vorlagen auf beliebten Grafik-Portalen zum Kauf an oder erstelle eine eigene Grafik-Ressourcen-Website - dazu aber später noch mehr.

Kommen wir zu der anspruchsvollsten Kategorie - Mockups. Das sind professionelle und realistische Vorführmodelle, die man mit dem eigenen Design gestalten kann. Zum Beispiel gibt es Mockups für Getränkeflaschen, Dosen, Kosmetikartikel, Smartphones und Computer - um nur einige zu nennen. So kann ein Hersteller von Energy-Drinks ein Mockup einer Dose kaufen, sein fertiges Design einfügen und hat in Kürze ein professionelles Produktbild für den Verkauf und das Marketing - ohne ein kostenintensives Shooting organisieren zu müssen.

Für höhere Erfolgschancen auf passive Einnahmen empfiehlt es sich auch hier wieder, sich beim Verkauf auf eine gewisse Branche oder Kundengruppe zu fokussieren.

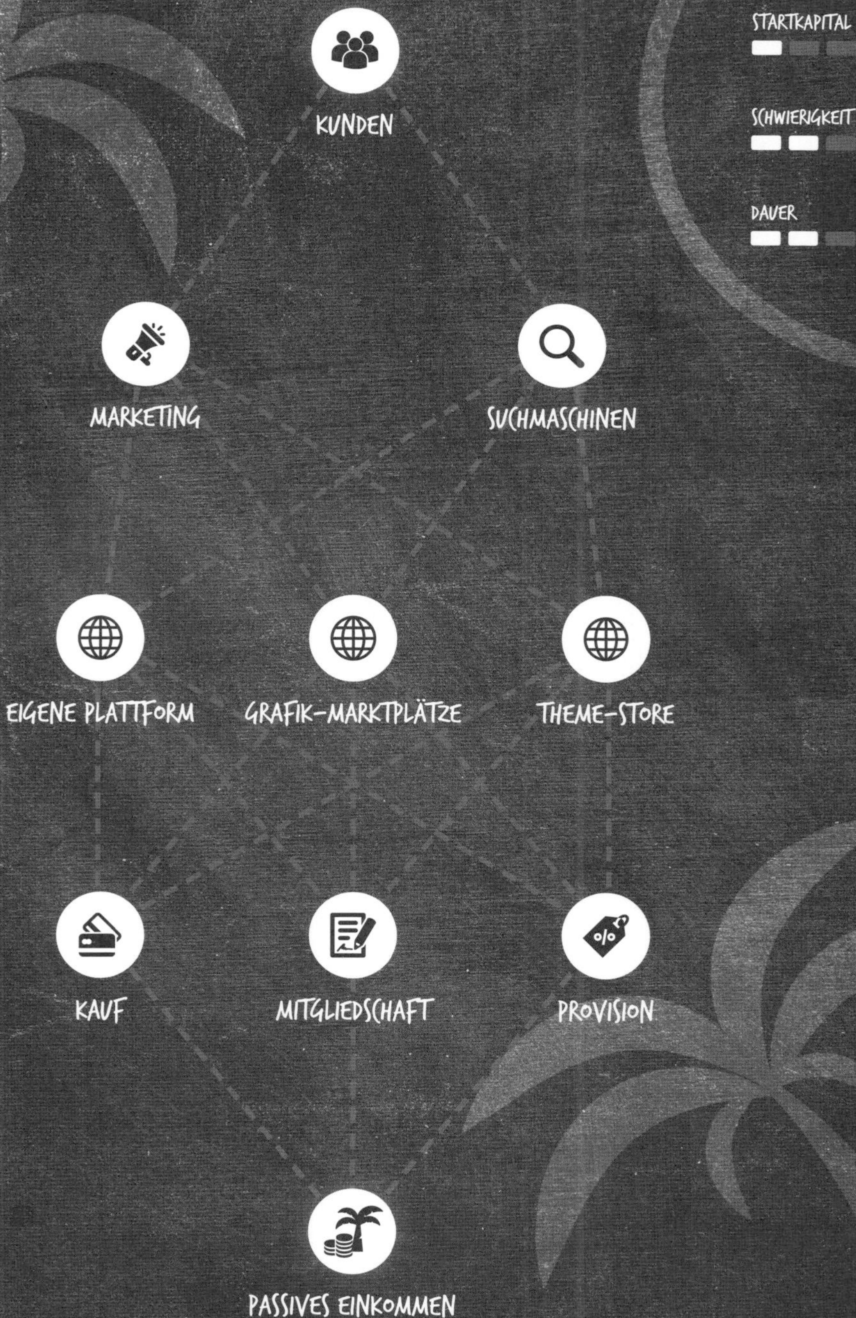
STARTKAPITAL
SCHWIERIGKEIT
DAUER
KUNDEN
MARKETING
SUCHMASCHINEN
EIGENE PLATTFORM
GRAFIK-MARKTPLÄTZE
THEME-STORE
KAUF
MITGLIEDSCHAFT
PROVISION
PASSIVES EINKOMMEN

SB-Waschanlagen

Endlich - nach mehreren bewölkten und trüben Tagen voller Regen ist sie wieder da, die Sonne. Für viele Autobesitzer beginnt jetzt die erste Fahrt mit einem kurzen Zwischenstopp in einer Waschanlage. Diese Einrichtungen sind ein Klassiker für passives Einkommen.

Voraussetzung für dieses Geschäftsmodell ist ein passendes Grundstück, eine passende Fläche oder der Kauf bzw. die Miete einer bestehenden Anlage. Diese wird mit Geldautomaten komplett auf die Selbstbedienung durch Kunden ausgerichtet und beinhaltet zum Beispiel Waschboxen, Waschanlagen und -straßen, Staubsaugerplätze und bestenfalls auch Automaten mit Snacks und Getränken.

Und wenn wir schon beim Thema sind - Automaten für Putz- und Autopflege-Artikel wären auch noch eine zusätzliche Möglichkeit für passives Einkommen. Durch diese könnte man Einnahmen durch Zusatzverkäufe erzielen - wie zum Beispiel durch Innenraum-Düfte, Felgen- und Cockpit-Reiniger, Mikrofaser-Tücher, Kühlmittel und Scheibenreiniger. Da man vorwiegend eine konkrete Zielgruppe vor Ort hat, nämlich Autobesitzer und -liebhaber, kann man das Sortiment genau abstimmen und hat dadurch hohe Verkaufschancen.

Die Wasch- und Staubsaugeranlagen werden mit Münzautomaten betrieben und benötigen dadurch kein Personal - höchstens ein externes Unternehmen, das sich um die regelmäßige Entleerung der Kassen und um die Wartung der Reinigungsgeräte kümmert.

Da es auch in diesem Bereich in den meisten Städten so manche Konkurrenz gibt, empfiehlt sich die gründliche Analyse von vorhandenen Anlagen in der unmittelbaren Umgebung.

Zudem sollte man einen USP (Unique Selling Point) bieten - also den Kunden einen einzigartigen Vorteil liefern, die eigene Waschanlage und nicht die der Konkurrenz zu benutzen. Das könnte eine professionelle Ausstattung sein, ein Bonus-Programm oder auch Vorteile durch eine Mitgliedschaft. So könnte man wiederkehrende Kunden mit Treuepunkten und kleinen Aufmerksamkeiten belohnen oder beispielsweise durch die Zahlung einer Jahresgebühr die unbegrenzte Nutzung ermöglichen.

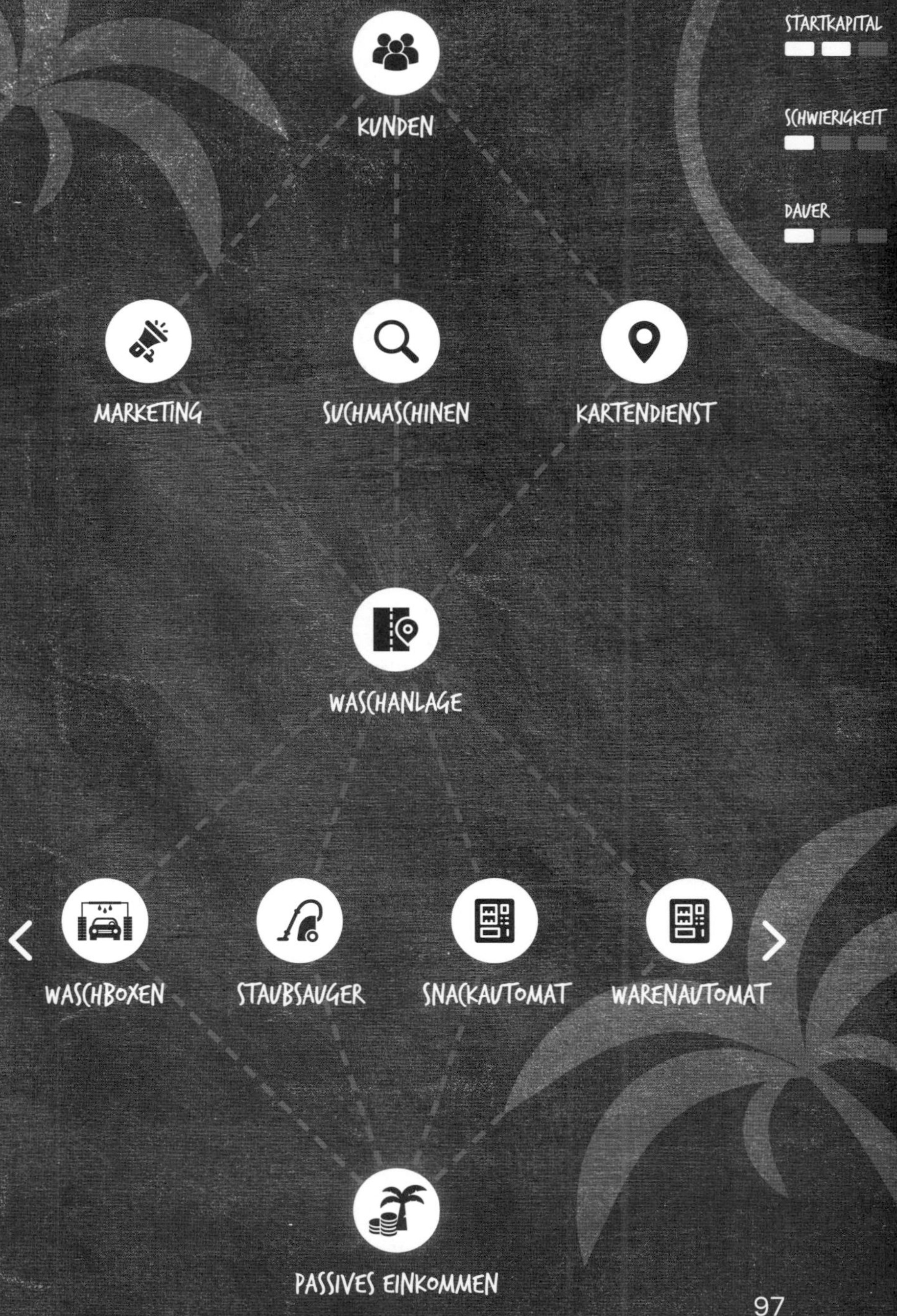
STARTKAPITAL
SCHWIERIGKEIT
DAUER
KUNDEN
MARKETING
SUCHMASCHINEN
KARTENDIENST
WASCHANLAGE
WASCHBOXEN
STAUBSAUGER
SNACKAUTOMAT
WARENAUTOMAT
PASSIVES EINKOMMEN

Geschäft, Kiosk oder Imbiss betreiben

Wer passives Einkommen auf traditionellen Wegen verdienen will, kann dazu ein lokales Geschäft, einen Kiosk oder Imbiss betreiben. Besser gesagt - man betreibt es nicht selbst, sondern lässt Mitarbeiter den Betrieb verwalten. Voraussetzung ist wieder der Besitz, der Kauf oder die Miete einer geeigneten Immobilie oder Fläche, die sich bestenfalls direkt oder in der Nähe von gut frequentierten, öffentlichen Plätzen befindet. Das kann zum Beispiel in der Nähe eines Bahnhofes, einer Fußgängerzone oder direkt in der Innenstadt sein. Bei mobilen Verkaufsständen muss man sich nur um die entsprechenden Genehmigungen zum Stellplatz kümmern - aber zu diesem Thema kommen wir noch später im Buch.

Je nach Lage des Geschäftes eignen sich verschiedene Produkte, wie zum Beispiel Souvenirs, Zeitschriften, Getränke, Essen, Eis oder Artikel für den alltäglichen Gebrauch.

Um das Betreiben des Geschäftes passiv zu gestalten, kann man einen oder mehrere verlässliche Mitarbeiter mit dem Verkauf, dem Wareneinkauf und der Buchhaltung beauftragen. Auf diese Weise kann man das eigene Geschäft vollständig automatisieren und es ohne zeitlichen Aufwand betreiben. Je nach Größe des Betriebs könnte man auch einen Geschäftsführer einstellen, der alle Aufgaben übernimmt und koordiniert. Der Nachteil von lokalen Geschäften ist die meist unmittelbare und vielfältige Konkurrenz. Da prinzipiell jeder dieselben Produkte verkaufen kann, entscheidet oft nur die Platzierung des Betriebes über dessen Verkaufserfolg.

Wer also an einem lokalen Geschäft interessiert ist, sollte unbedingt an einem Alleinstellungsmerkmal arbeiten, das dem Betrieb einen Vorteil gegenüber der Konkurrenz verschafft.

Viele Geschäfte entwickeln daher Eigenmarken und bieten diese ausschließlich in den eigenen Filialen an. Neben dem Vorteil der Exklusivität bietet dieses Modell oft auch finanzielle Vorteile gegenüber dem Vertrieb anderer Marken. Eine weitere Möglichkeit für eine stärkere Kundenbindung wären zudem Treueprogramme, bei denen Besucher durch eine eigene Kundenkarte Punkte sammeln und Belohnungen erhalten können.

STARTKAPITAL
SCHWIERIGKEIT
DAUER
KUNDEN
MARKETING
SUCHMASCHINEN
KARTENDIENST
GESCHÄFT
KIOSK
IMBISS
PRODUKTVERKAUF
PASSIVES EINKOMMEN

Werbeflächen vermieten

Durch den steigenden Trend zum Online-Marketing wird oft auf klassische Werbewege vergessen - wie zum Beispiel physische Werbeflächen. Bestimmt kennst du die großen Werbeplakate an Bushaltestellen, neben gut frequentierten Straßen oder auf öffentlichen Plätzen, die regelmäßig mit Werbung bekannter Unternehmen neu beklebt werden. Als Besitzer lässt sich durch die Vermietung geeigneter Flächen für Werbezwecke ein passives Einkommen erzielen. Dabei gibt es viele Formen und Varianten der Außenwerbung, wie zum Beispiel Leuchtreklamen nahe dem Straßenverkehr, Poster am Boden eines gut besuchten Platzes, die Werbefolierung von Transportmitteln oder ein Banner, das angehängt an ein kleines Flugzeug durch die Luft gezogen wird - um nur einige zu nennen.

Wie bei dem Kauf einer Immobilie oder einer Parkfläche sollte man den Kaufpreis der Werbefläche den möglichen passiven Einnahmen gegenüberstellen und so das Objekt auf die Rentabilität prüfen.

Wenn man schließlich eine Werbefläche gekauft oder gemietet hat, kann man die Werbepartner selbst suchen oder die Fläche an ein Unternehmen für Außenwerbung vermieten. Letzteres bietet nicht nur ein gesichertes und pünktliches Einkommen, sondern inkludiert meistens auch die Planung, Beratung, Wartung und den Aufbau der Werbeanlage. Außerdem kümmert sich das Unternehmen auch um das regelmäßige Wechseln der Werbung und den Abbau, falls die Kooperation einmal nicht mehr gewünscht sein sollte.

Aber es gibt auch noch andere Möglichkeiten für passives Einkommen durch Außenwerbung, wie etwa das Vermieten einer Werbefläche auf dem eigenen Haus oder dem eigenen Fahrzeug. Wer sich an der Optik nicht stört und viel Fläche zur Verfügung hat, kann sich dadurch monatlich etwas dazuverdienen - ganz ohne Aufwand.

Durch das Kombinieren mit anderen Geschäftsideen findet man übrigens auch oft zusätzliche Möglichkeiten für Einnahmen - so könnte zum Beispiel eine Firma für Carsharing alle Autos mit Anzeigen durch ein Werbeunternehmen bekleben lassen. Sei also stets auch kreativ und kombiniere verschiedene Ideen, um neue Einnahmequellen zu finden.

STARTKAPITAL

SCHWIERIGKEIT

DAUER

Newsletter-Marketing

Newsletter sind sehr beliebt bei Unternehmen, um regelmäßige Umsätze zu erzielen und die Kundenbindung zu stärken. Mit einer automatisierten Mail-Software können Newsletter außerdem für passives Einkommen genutzt werden.

Zum Start mit dem Newsletter-Marketing benötigt es eine Datenbank mit Personen und deren E-Mail-Adressen. Diese sollten sich selbstverständlich für den jeweiligen Newsletter angemeldet und dem Empfang der Werbenachrichten ausdrücklich zugestimmt haben. Dafür empfiehlt es sich, bei Anmeldeformularen und -seiten für den Newsletter das (meist gesetzlich erforderliche) Double-Opt-in Verfahren zu verwenden, bei dem die Kunden nach der Anmeldung einen Bestätigungslink in ihrem Postfach anklicken müssen und so dem Erhalt der E-Mails zustimmen.

Schließlich könnte ohne eine solche Verifizierung per E-Mail sonst jeder eine beliebige Adresse für irgendeinen Newsletter anmelden - und das kann für Unternehmen im schlimmsten Fall sehr teuer werden. Denn spätestens seit der neuen Datenschutz-Grundverordnung (DSGVO) ist hier Vorsicht geboten - mit dem Versand an unangemeldete, unbestätigte oder abgemeldete Empfänger kann es schnell zu Strafen und Verwarnungen kommen. Bedenken gilt es also stets vor dem Versand eines Newsletters zu beseitigen - sind die E-Mails einmal draußen, lässt sich leider nichts mehr ändern.

Falls man noch keine Datenbank hat, kann man bei der Umsetzung einer der Ideen dieses Buchs E-Mail-Adressen und Empfänger sammeln, indem man eine Newsletter-Anmeldung auf der Website, dem Online-Shop oder zum Beispiel in einer App inkludiert.

Um mit dem Versand der Mailings Geld zu verdienen, kann man themenrelevante Werbeanzeigen, gesponserte Links und Inhalte, Empfehlungen oder Gewinnspiele einbauen. Damit dies ohne dem Einsatz der eigenen Zeit geschieht, kann man die Abläufe per Software so weit wie möglich automatisieren und eine externe Firma oder einen virtuellen Assistenten mit der Erstellung, dem Versand und der Auswertung der Newsletter beauftragen - ebenso mit der Abrechnung und Kommunikation mit Werbepartnern.

STARTKAPITAL

SCHWIERIGKEIT

DAUER

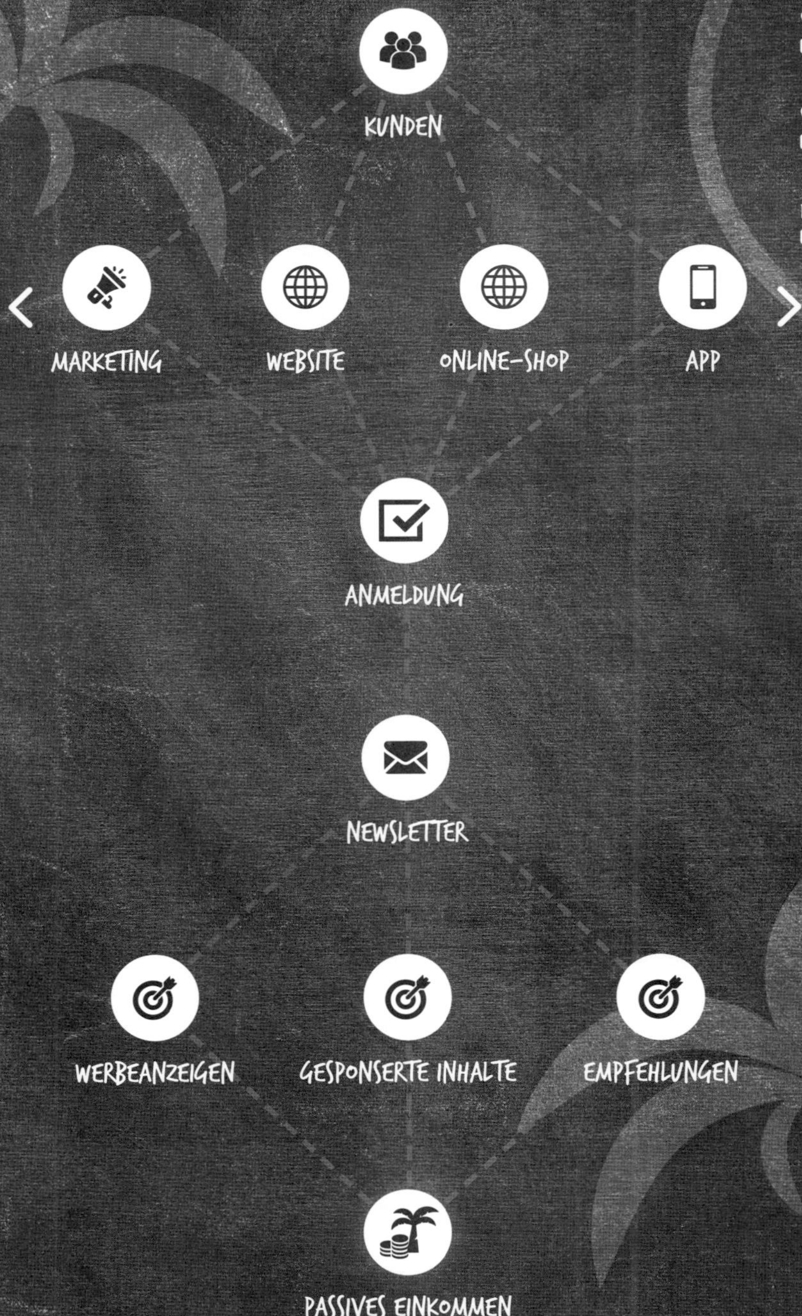

Eigene Website für Grafik-Ressourcen

Neben dem Betreiben einer eigenen Stockfoto-Plattform kann auch das Erstellen einer Plattform mit Grafiken und Designvorlagen für eine spezifische Branche eine lukrative Einnahmequelle sein.

Sehr bekannte Plattformen in dieser Szene sind zum Beispiel Freepik oder Flaticon. Hier können vorgefertigte Designs und Vektorgrafiken wie Broschüren, Visitenkarten, Flyer, Icons und mehr gefunden werden. Wie auch mit einer eigenen Stockfoto-Plattform ergibt es wenig Sinn, sich gegen eine solche Konkurrenz mit mehreren Millionen grafischen Ressourcen durchsetzen zu versuchen.

Möglich ist es auf alle Fälle, ich will dir nichts ausreden - nur schneller ans Ziel kommt man definitiv, wenn man seine Plattform auf die Erfüllung der Bedürfnisse einer Nische oder Branche fokussiert.

Nehmen wir als Beispiel eine Plattform mit Grafik-Ressourcen für Fitnessstudios. Dort finden Studiobetreiber Designs, Vektoren, Icons und mehr zum Thema Gesundheit, Wellness und Fitness. Außerdem stehen auch Vorlagen für Trainingspläne, Flyer, Visitenkarten, Terminkärtchen, Poster, Broschüren, Info-Schilder und mehr zum Download bereit. Bei diesen Vorlagen ist nur mehr das Einfügen des eigenen Logos und das Anpassen der Farben notwendig - und schon haben die Fitnessstudios schöne Grafiken für einen professionellen Auftritt. Damit wird ihnen nicht nur jede Menge Zeit erspart, sondern häufig auch viel Geld - denn für die Inhalte müsste ansonsten eine Agentur beauftragt werden.

Auch hier gibt es viele verschiedene Modelle für passives Einkommen, aus denen gewählt werden kann. Zum Beispiel ein Abo-Modell, bei dem den Kunden alle Grafiken gegen eine monatliche oder jährliche Zahlung privat und kommerziell zur Verfügung stehen. Oder man bietet alle grafischen Ressourcen zur kostenlosen Nutzung an und verdient ausschließlich mit Werbung eines eingebundenen Netzwerkes auf dem Portal.

Sobald man die Website und Community einmal aufgebaut hat, kann man das Erstellen neuer Grafiken outsourcen und sich zurücklehnen, während passive Einnahmen in die eigene Kasse fließen.

STARTKAPITAL

SCHWIERIGKEIT

DAUER

Sonnenstudio

Ähnlich wie das Betreiben von Selbstbedienungs-Waschanlagen stellen Solarien eine gute Möglichkeit für Erträge ohne Aufwand dar. Auch hier ist der Besitz, die Miete oder der Kauf von geeigneten Räumlichkeiten als Voraussetzung gegeben - bestenfalls im gleichen Gebäude oder in unmittelbarer Nähe eines Fitnessstudios oder einer anderen gesundheitlichen Einrichtung, somit hätte man schon viele potenzielle Kunden vor Ort.

Zudem benötigt man ein oder mehrere professionelle und leistungsfähige Bräunungsgeräte, die man kaufen, mieten oder leasen kann. Das Sonnenstudio wird mithilfe von elektronischen Zugangstüren und Münzautomaten für die Selbstbedienung konzipiert und kann so den Kunden 24 Stunden am Tag Zugang zu den Sonnenbänken gewähren - und das ganz ohne Personal.

Beliebt sind hier Mitgliedschaften oder Blöcke für eine gewisse Anzahl an Besuchen, die in Kombination mit einer Kundenkarte den Zugang ermöglichen. Oder man gewährt jedermann den Zutritt zu den Bräunungsgeräten - wobei allerdings in diesem Fall der Sicherheit und Reinigung mehr Aufmerksamkeit geschenkt werden sollte.

Alternativ könnte man einfach auch beide Formen der Nutzung anbieten. Somit werden einerseits die Bedürfnisse regelmäßiger Solarium-Besucher erfüllt und andererseits auch jene Besucher berücksichtigt, die nur wenige Male im Jahr eine Sonnenbank aufsuchen.

Dass diese Methode für kein geringes passives Einkommen sorgt, zeigt die folgende Beispielrechnung: Nehmen wir an, 10 Minuten im Solarium kosten 5 € und täglich nehmen 20 Kunden die Leistung in Anspruch. Das wäre ein Umsatz von rund 3.000 € pro Monat - bei nur einem Bräunungsgerät. Bei mehreren Solarien wäre der Umsatz in unserem Beispiel schon im fünfstelligen Bereich.

Natürlich muss man die Kosten für die Fläche, Wartung und Reinigung der Geräte berücksichtigen - sowie auch mögliche Preiskämpfe mit der Konkurrenz in unmittelbarer Umgebung. Dennoch stellt dieses Geschäftsmodell auf jeden Fall eine gute Möglichkeit für passive Einnahmen dar.

STARTKAPITAL

SCHWIERIGKEIT

DAUER

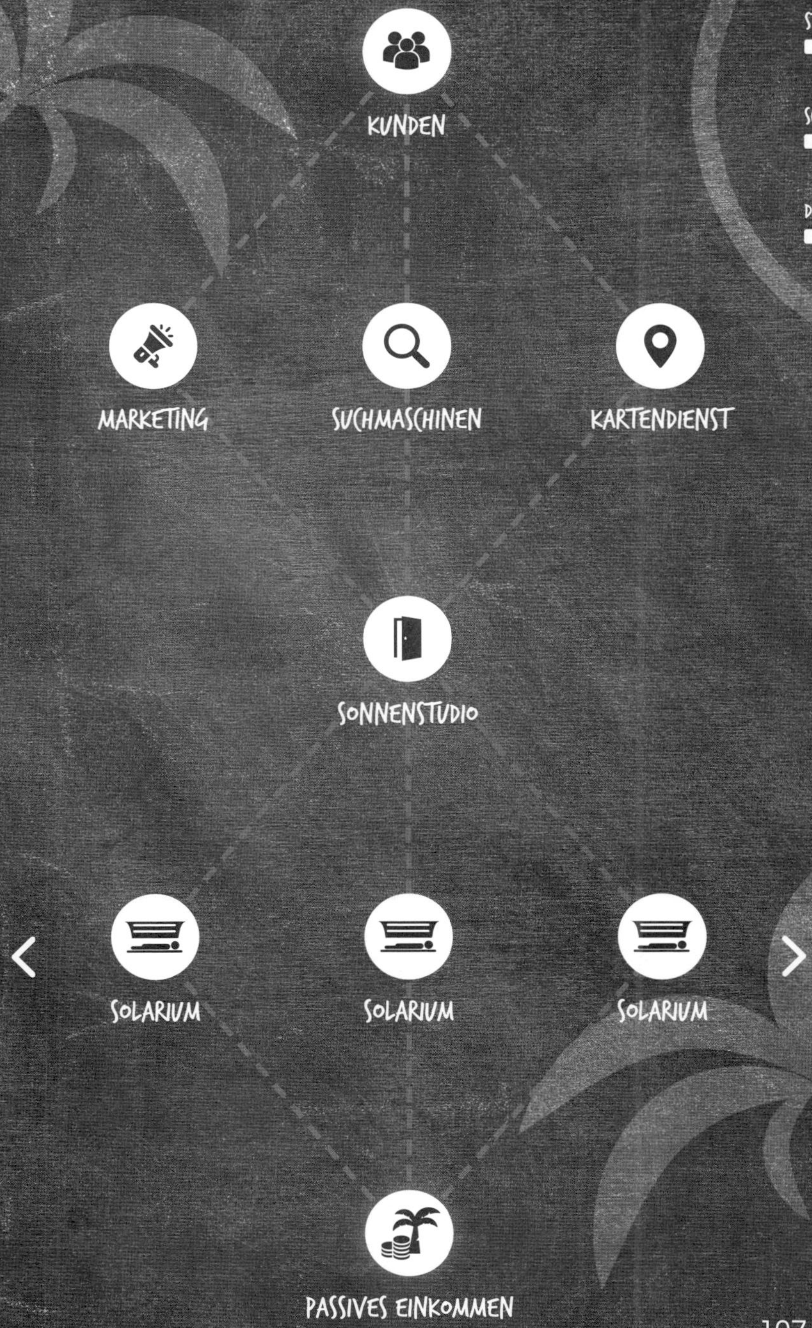

Abo-System mit Produkt

In dieser Idee schauen wir uns Abo-Systeme mit Produkten an - diese garantieren einen sicheren Umsatz durch regelmäßige Nachlieferungen. Mit einem Abonnement für Produkte erhalten deine Kunden nämlich ihre gewünschten Artikel, die sie in regelmäßigen Abständen benötigen, automatisch von dir zugesandt. Bestenfalls sollte man dabei mit einem Rabatt und einer Zeitersparnis gegenüber dem Einzelkauf werben, um Personen von den Vorteilen einer regelmäßigen Lieferung zu überzeugen und zum Abschluss des Abos zu bewegen.

Um ein passendes Produkt zu finden, gehe wie folgt vor: Richte deinen Blick auf wiederholte Probleme und Vorgänge der Zielgruppe, die du mit einem neuen Produkt - das regelmäßig gebraucht wird - lösen oder verbessern könntest. Solche Produkte mit regelmäßigem Wiederkauf finden sich zum Beispiel oft in der Lebensmittel- und Hygiene-Branche. Beispiele dafür sind Nahrungsergänzungsmittel, Beauty-Produkte, Waschmittel oder Artikel für die Zahnpflege. Alle haben die Gemeinsamkeit, dass sie von der Zielgruppe in regelmäßigen Abständen benötigt werden.

Aber auch in anderen Bereichen wären Abo-Systeme sinnvoll - wie zum Beispiel in den Kategorien Bürobedarf, Tierfutter oder Haushaltswaren. Um das Einkommen so passiv wie möglich zu gestalten, könnte man wieder ein externes Versandhaus mit der Logistik und Abwicklung der Produkte beauftragen oder die Artikel auf Amazon im Spar-Abo anbieten und Fulfillment by Amazon (FBA) nutzen.

Der Vorteil für Kunden liegt bei einem Produkt-Abonnement darin, dass sie nicht mehr jede Woche oder jeden Monat daran denken müssen, die benötigten Artikel rechtzeitig zu kaufen. In den meisten Fällen profitieren sie zusätzlich von einem Rabatt durch das Abo und sparen so auch noch gegenüber dem Einzelkauf. Wie anfangs erwähnt, sollte man diese Vorteile als Verkaufsargumente nutzen.

Die Anbieter haben hingegen den Vorteil, regelmäßige Abnehmer für ihre Produkte zu finden. So können sie einerseits die laufend benötigten Mengen besser abschätzen, als auch den Umsatz erhöhen und die Kundenbindung stärken.

STARTKAPITAL
SCHWIERIGKEIT
DAUER
KUNDEN
MARKETING
SUCHMASCHINEN
GESPONSERTE PLATZIERUNGEN
ONLINE-SHOP
AMAZON
PRODUKT
PRODUKT
PRODUKT
ABONNEMENT
PASSIVES EINKOMMEN

Stockvideos verkaufen

Wie auch das Verkaufen von Stockfotos sind Videos eine geschätzte Strategie für passive Einnahmen durch digitale Verkäufe, wenn man gerne unterwegs ist und gut mit einer Videokamera umgehen kann. Auf Plattformen wie Shutterstock, VideoHive oder Adobe Stock suchen Personen und Unternehmen stets nach Videomaterial, das sie für private oder kommerzielle Zwecke erwerben und nutzen können. Die Bekanntheit solcher Anbieter kann man zum eigenen Vorteil nutzen und dort die erstellten Videoaufnahmen zum Kauf anbieten. Natürlich könnte man aber auch eine eigene Videoplattform für eine bestimmte Branche aufbauen und bei der jeweiligen Zielgruppe bekannt machen, wie wir es bereits zuvor im Buch besprochen haben.

Beliebte Themen für Videos sind zum Beispiel Menschen, Technik, Wirtschaft, Natur, Animationen, Zeitlupenaufnahmen, Drohnenflüge, Städte, Unterwasservideos, Timelapse-Videos (Zeitraffer) oder schmackhafte Szenen von Speisen und Getränken.

Gefragt sind neben langen Videos vor allem kurze Video-Sequenzen (Länge zwischen 10 und 30 Sekunden), die anschließend von den Käufern in die eigenen Videos eingefügt und geschnitten werden können. Diese Sequenzen kann man leicht selbst mit einer professionellen Videokamera und entsprechendem Equipment aufnehmen, mit Videobearbeitungsprogrammen den letzten Schliff verpassen und auf mehreren Plattformen zum Verkauf anbieten.

Wichtig ist vor allem die Aufnahmequalität - diese ist für die meisten Kunden das entscheidende Kriterium. Die Kamera sollte daher mindestens eine Full-HD-Auflösung bieten, bestenfalls eine Bildaufnahme in 4K oder mehr.

Aber auch Presets (Voreinstellungen), Filter und Effekte für Videos und Videobearbeitungsprogramme sind gefragt - Filmemacher verwenden diese gerne, um die eigenen Aufnahmen lebendiger zu gestalten und den passenden Look zu verleihen. So könnte man zum Beispiel moderne und dynamische Video-Transitions (visuelle Übergänge zwischen Sequenzen) selbst erstellen und auf diversen Plattformen und im eigenen Online-Shop zum Verkauf anbieten.

STARTKAPITAL
SCHWIERIGKEIT
DAUER
KUNDEN
VIDEOHIVE
SHUTTERSTOCK
ADOBE STOCK
EIGENE WEBSITE
SUCHBEGRIFFE
THEMEN
ANLÄSSE
VIDEOS
PRESETS
EFFEKTE
PASSIVES EINKOMMEN

B2B-Software

Neben Software für private Kunden bietet auch das Erstellen von Programmen für Geschäftslösungen eine optimale Möglichkeit, passiv Geld zu verdienen - vorausgesetzt, man kann programmieren oder das entsprechende Kapital aufbringen, um eine digitale Idee umsetzen zu lassen.

Da es so viele Branchen und Geschäftszweige in unserer Wirtschaft gibt, sind die Möglichkeiten für B2B-Software nahezu endlos - im Vordergrund steht immer der Gedanke, einen geschäftlichen Prozess zu vereinfachen, zu beschleunigen oder ein Problem bestenfalls komplett zu lösen. Zur Ideenfindung könnte man zum Beispiel einfach die verschiedenen Abteilungen eines Unternehmens hinsichtlich der täglichen Abläufe betrachten.

Wie etwa die Buchhaltung - hier könnte eine Software bei der vereinfachten oder automatisierten Erstellung und Übermittlung von Rechnungen helfen. Oder ein Beispiel im Bereich des Kundensupports: Eine Software, die die Bearbeitung von Kundenanfragen aller Kanäle an einer zentralen Schnittstelle ermöglicht.

Wie wäre es sonst für die Vertriebsabteilung mit einem Programm, das Vertriebspartner verwaltet und Abrechnungen automatisch erstellt? Oder ein Programm für die Marketing-Abteilung für das zentrale Verwalten und Überwachen der eigenen Profile auf Social-Media-Plattformen? Außerdem könnte die Geschäftsleitung eine Task-Software brauchen, um alle täglichen Prozesse überwachen und steuern zu können.

Wie man sieht, gibt es unzählige Möglichkeiten, um mit Software die Abläufe in Unternehmen zu verbessern und auf diese Weise passives Einkommen zu generieren. Das ist auch der Grund für die große Konkurrenz am Software-Markt und der Grund, warum wahrscheinlich viele der oben genannten Ideen schon umgesetzt wurden. Was man deshalb als Vorteil nutzen sollte, ist das Fokussieren auf einen spezifischen Geschäftszweig. Das verschafft einen Vorsprung gegenüber der Konkurrenz und findet durch branchenbezogene Funktionen mehr Anklang bei Firmenkunden, als allgemeine, branchenübergreifende Software.

STARTKAPITAL
SCHWIERIGKEIT
DAUER
UNTERNEHMEN
AKQUISE
MARKETING
SUCHMASCHINEN
WEBSITE
INSTALLATION VOR ORT
PROGRAMM
ERWEITERUNG
PASSIVES EINKOMMEN

Fitnessstudio ohne Personal

Drehkreuze statt Trainer - auch Fitnessstudios lassen sich automatisieren und für passives Einkommen konzipieren. Seit einigen Jahren gibt es bereits Studios ohne Personal, bei denen die Besucher per Chipkarte Zugang erhalten und ihr Training ohne Beaufsichtigung durchführen können.

Die Geräte werden dabei von Videos erklärt, Fitnesskurse werden von Monitoren abgehalten und Kameras sorgen für die notwendige Sicherheit. Dadurch profitieren die Mitglieder vor allem beim Preis - da keine Personalkosten anfallen, ist man anderen Fitnessstudios hier klar im Vorteil.

Damit richtet man sich eher vorwiegend an eine junge Zielgruppe, da ältere Menschen meistens die Betreuung durch einen Trainer und den persönlichen Kontakt schätzen. Hier könnte man allerdings die Möglichkeit bieten, zusätzlich zur Mitgliedschaft einen Personal Trainer zu buchen, der auf selbständiger Basis arbeitet und vom Kunden selbst nach Zeit bezahlt wird.

Ein weiterer großer Vorteil von Fitnessstudios ohne Personal sind die Öffnungszeiten - da keine Angestellten benötigt werden, kann den Kunden 24 Stunden am Tag und 365 Tage im Jahr der Zugang geboten werden. Etwas Personal braucht es allerdings doch - schließlich muss jemand die Verträge abschließen, Geräte warten, überprüfen und gegebenenfalls reparieren und die Räumlichkeiten sauber halten. Hier könnte man eventuell den Vertragsabschluss und auch die Abrechnung über eine eigene Website automatisieren. Die Wartung und Überprüfung der Trainingsgeräte bietet oft der Hersteller selbst an und übernimmt somit auch diese Arbeit.

Für das Putzen des Studios kann man zudem leicht eine externe Reinigungsfirma finden, die verlässlich jeden Tag für saubere Umkleidekabinen, Duschen und eine aufgeräumte Trainingsfläche sorgt.

Wenn man bereits eine passende Immobilie besitzt oder die Miete bzw. den Kauf in Erwägung zieht, kann ein automatisiertes Fitnessstudio in einem geeigneten Gebiet ein durchaus interessantes Geschäftsmodell sein.

KUNDEN
MARKETING
SUCHMASCHINEN
KARTENDIENST
FITNESSSTUDIO
MITGLIEDSCHAFT
ZUSATZOPTIONEN
AUTOMATEN
PASSIVES EINKOMMEN
STARTKAPITAL
SCHWIERIGKEIT
DAUER

Abo-Systeme mit Dienstleistung

Eine der wichtigsten Zutaten für passives Einkommen sind wiederkehrende Zahlungen - deshalb werfen wir in dieser Methode einen genaueren Blick auf Abo-Systeme mit Dienstleistungen.

Hand hoch - wer bezahlt monatlich Geld für Unterhaltungszwecke, einen Service oder eine Mitgliedschaft? Egal ob digitale oder physische Leistungen, so ziemlich jeder hat mindestens einen Anbieter auf seiner monatlichen Ausgabenliste stehen. Sei es zum Zweck der Unterhaltung, wie zum Beispiel für Netflix - oder für die Gesundheit, wie die Mitgliedschaft in einem Fitnessstudio. Oder etwa für Arbeitshilfen und -tools, wie zum Beispiel Dropbox.

Wenn man die eigenen laufenden Ausgaben durchgeht, wird man auf einige Unternehmen stoßen, die von regelmäßigen Zahlungen profitieren. Das Ziel sollte es also sein, dass man mit dem eigenen Unternehmen auf der monatlichen Ausgabenliste vieler anderer Menschen steht. Stell dir dazu die Frage - für welche Dienstleistung wäre die jeweilige Zielgruppe bereit, regelmäßig einen Betrag auszugeben - und in welcher Höhe?

Nimm verschiedene Probleme deiner gewünschten Zielgruppe unter die Lupe und denke über einen physischen oder digitalen Service nach, der das Problem lösen oder den Vorgang zumindest signifikant verbessern könnte.

In der Fahrzeugbranche kann das zum Beispiel ein monatlicher Check des Autos, ein digitaler Service zur Erinnerung an Reparaturen, Ölwechsel und Überprüfungen oder ein E-Paper eines Nischen-Magazins für Cabrio-Liebhaber sein - natürlich alles automatisiert durch externe Unternehmen und virtuelle Assistenten.

Ein bezahltes Abonnement bietet die Sicherheit, in regelmäßigen Abständen Umsätze zu erzielen und legt damit das Fundament für passives Einkommen. Solange die Kunden mit der Mitgliedschaft zufrieden sind, kann sich dieses Geschäftsmodell jahrelang oder sogar ein Leben lang rentieren. Also - sei kreativ und finde eine Dienstleistung, die deiner Zielgruppe hilft und dir langfristige, passive Einnahmen ermöglicht.

STARTKAPITAL

SCHWIERIGKEIT

DAUER

Lagerflächen vermieten

Egal ob für private Mieter oder Unternehmen - Lagerflächen sind gefragt. Besonders in Städten oder Gebieten, die aus logistischer Sicht Vorteile bieten, kann sich dieses Geschäftsmodell sehen lassen. Die Lagerräume werden zum Beispiel oft für die Einlagerung von Möbeln, Akten oder saisonalen Sport- und Arbeitsgeräten benötigt, bei Betrieben meist für Produkte oder Arbeitsmaschinen.

Neben der Vermietung von Lagerflächen könnte man zusätzlich eine Ausstattung der Räumlichkeiten anbieten, wie zum Beispiel das Installieren von Regalen, Befestigungssystemen, Lagerbehältern oder Archivkartons. Da den Kunden vor allem die Sicherheit ihres Lagerguts wichtig ist, könnte man optional auch Alarmanlagen und Versicherungen anbieten.

Um Mieter für die Lagerflächen zu finden, kann man ein Angebot auf verschiedenen Immobilien-Plattformen und in Zeitungen veröffentlichen. Wenn man sehr viel Platz als Lager zur Verfügung hat, kann man auch eine eigene Website erstellen und so einrichten, dass Interessenten die gewünschten Flächen gleich online für einen bestimmten Zeitraum mieten können.

Damit nur passives Einkommen und kein Aufwand entsteht, könnte man zum Beispiel elektronische Schlösser einbauen und die Öffnungscodes auf der Website hinterlegen. Wenn Kunden Lagerflächen mieten, wird dadurch automatisch der Zugangscode für die jeweiligen Räumlichkeiten mitgeteilt. Nach dem Buchungszeitraum sorgt ein externes Unternehmen für die Reinigung und die Vergabe eines neuen Öffnungscodes für das digitale Schloss.

Eine einfachere Möglichkeit wäre sonst das ausschließliche Anbieten von Langzeitmieten für die Lagerflächen. Statt einem digitalen Schloss bräuchte es hier nur einen einfachen Schlüssel, der dem Mieter übergeben, zugesendet oder hinterlegt wird.

Bei dem Modell der Langzeitmiete reduziert sich der Aufwand für den Betreiber enorm. Zum einen müssen nicht ständig neue Mieter gefunden werden, zum anderen entfällt in Folge auch die Reinigung, da man diese den Mietern selbst überlässt.

STARTKAPITAL
SCHWIERIGKEIT
DAUER
KUNDEN
WEBSITE
IMMOBILIEN-PORTALE
SUCHMASCHINEN
LAGERFLÄCHE
LAGERFLÄCHE
LAGERFLÄCHE
MIETVERTRAG
VERWALTUNG
DIGITALES SCHLOSS
PASSIVES EINKOMMEN

Spiele entwickeln

Wer programmieren kann, ist auch bei diesem Geschäftsmodell im Vorteil - denn mit dem Entwickeln digitaler Spiele ist es möglich, sich ein passives Einkommen aufzubauen. Aber auch Personen ohne Kenntnisse können ein Videospiel durch ein Softwareunternehmen oder Entwicklerstudio planen, realisieren und veröffentlichen lassen - jedoch meist nur mit einer entsprechend hohen Investition.

Wer Zeit und Geduld mitbringt, kann sich ansonsten durch Lernplattformen im Internet das entsprechende Know-how aneignen.

Spiele kann man heutzutage überall finden - egal ob am Smartphone, Computer, im Internet, auf Spielekonsolen oder sogar auf Social Media. Die Kosten für die Produktion variieren je nach Projekt - während zum Beispiel ein einfaches Handyspiel mit den geeigneten Fähigkeiten mit keinen oder nur geringen Kosten entwickelt werden kann, bedarf es für große, plattformübergreifende Spieltitel eines kompletten Entwicklerteams und meist Beträge im zwei- oder dreistelligen Millionenbereich.

Deshalb bleiben wir im Zuge dieser Idee lieber einmal bei kleinen Spielen für Smartphones und Webbrowser. Jeder von uns kennt oder hat zumindest ein bekanntes Spiel auf seinem Handy oder Computer. Ein berühmtes Beispiel ist das Geschicklichkeitsspiel Fruit Ninja, das einen Hype auslöste und millionenfach heruntergeladen wurde. Dieses Spiel zeigt, wie man mit einer einfachen Idee - nämlich dem Zerschneiden von Früchten in der Luft - Millionen von Menschen auf der ganzen Welt unterhalten kann.

Denke auf der Suche nach einer passenden Idee also nicht zu kompliziert, sondern interpretiere alltägliche Abläufe einfach einmal neu und in unterhaltsamer Weise.

Die Möglichkeiten für passives Einkommen sind ähnlich wie beim Betreiben einer App - entweder durch den Kauf, Mitgliedschaften, Werbeeinnahmen oder In-App-Käufe. Statt kostenpflichtigen Erweiterungen oder Vollversionen wie in Apps sind zum Beispiel Upgrades, Vorteile im Spiel oder Bonusinhalte bei Entwicklern als passive Einnahmequelle beliebt.

STARTKAPITAL
SCHWIERIGKEIT
DAUER
KUNDEN
SOCIAL MEDIA
WERBUNG IN SPIELEN
MARKETING
APP-STORE
PLAY-STORE
WEBBROWSER
FACEBOOK
SPIEL
UPGRADES
VORTEILE
BONUSINHALTE
PASSIVES EINKOMMEN

Nischen-Karriereportal

Gerade wenn es um qualifiziertes Personal geht, sparen Unternehmen nicht gerne - im Zuge dieser Geschäftsidee werfen wir einen genaueren Blick darauf, wie man mit einem branchenspezifischen Jobportal passives Einkommen generieren kann.

Obwohl es schon sehr viele Online-Jobbörsen gibt, hört oder liest man immer wieder von neuen Start-ups, die den Durchbruch schaffen. Oft fokussieren sich solche Newcomer-Plattformen auf Jobangebote einer spezifischen Branche oder Arbeitsgruppe, wie zum Beispiel auf Fachkräfte in der Hotellerie oder Gastronomie. Auf diese Weise haben sie bei Arbeitgebern einen gravierenden Vorteil, da sie genau die richtigen Kandidaten und Bewerber für die gesuchten Jobs bieten können - dementsprechend leichter fällt auch der Verkauf von Inseraten und Werbeplätzen.

Während die Stellensuche früher vorwiegend in der Zeitung und später im Internet stattgefunden hat, geht der Trend heutzutage immer mehr in Richtung Job-Apps auf dem Smartphone. Ähnlich wie auf Plattformen für die Partnersuche kann man seinen nächsten Arbeitgeber oft durch innovative oder unterhaltsame Methoden finden, wie beispielsweise durch Wischgesten oder einen Live-Radar, der offene Posten in unmittelbarer Nähe zeigt.

Wer also bereits Apps programmieren kann, ist hier klar im Vorteil. Andernfalls könnte man zuerst mit einem webbasierten Jobportal starten und erst später eine App für Smartphones und Tablets entwickeln lassen. Suche zum Start deines eigenen Jobportals eine geeignete Zielgruppe oder Nische und richte die Website so ein, dass alle Abläufe - wie zum Beispiel das Inserieren von Jobs durch Unternehmen - automatisiert stattfinden und nicht nach deiner Anwesenheit verlangen.

Natürlich braucht diese Idee anfangs Zeit und Geld, um die Plattform sowohl bei Jobsuchenden, als auch passenden Arbeitgebern bekannt zu machen. Der Aufwand kann sich aber später durchaus lohnen - am Ziel wartet für etablierte Karriereportale eine automatisierte, passive Einnahmequelle durch Jobinserate und Mitgliedschaften von Unternehmen.

STARTKAPITAL
SCHWIERIGKEIT
DAUER
KUNDEN
MARKETING
SOCIAL MEDIA
GOOGLE ADS
AKQUISE
APP-STORE
PLAY-STORE
WEBSITE
KARRIEREPORTAL
INSERATE
MITGLIEDSCHAFTEN
WERBEANZEIGEN
PASSIVES EINKOMMEN

Umfragen und Statistiken

Wohl weniger bekannt unter den gängigen Praktiken für passives Einkommen ist der Verkauf und Vertrieb von Umfragen und Statistiken. Viele Unternehmen, Forscher, Lehrende und Journalisten benötigen regelmäßig Auswertungen, Meinungsforschungen und Infografiken über bestimmte Themen und Branchen - wie etwa zum Kaufverhalten einer Kundengruppe, um nur ein Beispiel zu nennen.

Da es bereits große Unternehmen und Konzerne gibt, die sich mit weltweiten Statistiken beschäftigen und diese zum Verkauf anbieten, sollte man sich mit einer solchen Plattform auf eine spezielle Nische oder geografische Region richten. So kann man sich gegenüber der Konkurrenz einen Vorteil verschaffen und Kunden gezieltere Themen und Auswertungen anbieten.

Zum Beispiel könnte man ein Online-Portal mit Statistiken und Daten der Sport-Szene auf Mallorca aufbauen und diese an Sportgeschäfte auf der Insel verkaufen. Gesammelt werden die Statistiken per Umfrage auf der eigenen Website, für deren Daten passende Personen automatisiert online geworben werden.

Alternativ gibt es noch andere Möglichkeiten der Datenerhebung, wie etwa per Telefon oder Fragebogen vor Ort, die externe Partner im eigenen Namen durchführen könnten. Außerdem kann man zusätzlich die Durchführung von individuellen Umfragen und die Erstellung von Infografiken im Design der Geschäftskunden anbieten.

Sobald man genügend Informationen und Statistiken gesammelt hat, kann man sie im Zuge einer Mitgliedschaft oder einmaliger Kosten auf der Website oder relevanten Plattformen anbieten. Um bereits am Anfang ein breites Spektrum an Daten bereitstellen zu können, kann man zudem Statistiken anderer Unternehmen im Rahmen einer Affiliate-Kooperation anbieten und so interessierte Kunden gegen eine Provision weiterleiten.

Alle Vorgänge werden selbstverständlich so weit wie möglich automatisiert, neue Statistiken werden im Idealfall später ausschließlich durch die Beauftragung eines professionellen Meinungsforschungsinstituts durchgeführt und ausgewertet.

STARTKAPITAL
SCHWIERIGKEIT
DAUER
KUNDEN
MARKETING
SUCHMASCHINEN
DIREKTVERKAUF
STATISTIK-PORTAL
MITGLIEDSCHAFT
KAUF
WERBUNG
GESPONSERTE INHALTE
PASSIVES EINKOMMEN

Freizeitartikel vermieten

Wer in einem tourismusreichen Ort oder einer belebten Stadt wohnt, kann Freizeitartikel, Sportgeräte oder Transportmittel vermieten. Beispiele dafür sind Citybikes, E-Bikes, Kajaks, Scooter, Hoverboards, Ski oder Snowboards.

Für zusätzlichen Umsatz kann man auch das zugehörige Equipment vermieten, wie beispielsweise Sicherheitsausrüstung wie Helme, Knieschützer oder Rückenprotektoren.

Die Voraussetzung für dieses interessante Geschäftsmodell ist der Kauf oder Besitz mehrerer Freizeitartikel, die über die eigene Website, auf Plattformen oder an einem lokalen Stand oder Geschäft vermietet werden. Um den Betrieb so passiv wie möglich zu gestalten, kann man einen Mitarbeiter oder eine externe Firma mit der Abholung, Zahlung, Rücknahme und Wartung der Artikel beauftragen. Um das Risiko von Beschädigungen oder Diebstahl zu minimieren, sollte man außerdem die Leihartikel entsprechend versichern und sich einen Vertrag von den Kunden unterzeichnen lassen, in dem alle möglichen Szenarien festgehalten sind.

Das einzige Risiko bei dieser Idee für passives Einkommen ist eigentlich nur das anfängliche Investieren in die Leihartikel - wobei diese im schlimmsten Fall wahrscheinlich ohne großen Verlust wieder verkauft werden könnten.

Damit dieser Fall aber nicht eintritt, ist es wichtig, dass das Angebot im Falle einer lokalen Vermietung strategisch gut platziert ist und auch genügend Nachfrage durch Anwohner oder Touristen gegeben ist. Beim Online-Verleih ist darauf zu achten, dass das Angebot konkurrenzfähig und attraktiv für die Zielgruppe ist und nicht in einer Fülle von ähnlichen oder gar besseren Angeboten untergeht.

Ein bekanntes Beispiel sind Tretboote, die gerne an Seen oder am Meer vermietet werden. Das Angebot ist bei allen Anbietern meist identisch, nur die Positionierung oder der Preis entscheidet über den Verkaufserfolg. Für die bessere Wettbewerbsfähigkeit empfiehlt sich also die zusätzliche Entwicklung eines Alleinstellungsmerkmals, damit das Angebot dauerhaft Kunden findet.

STARTKAPITAL
SCHWIERIGKEIT
DAUER
KUNDEN
MARKETING
SUCHE
TOURISMUSVERBAND
WEBSITE
PORTALE
MARKTPLÄTZE
GESCHÄFT
FAHRRÄDER
KAJAKS
SCOOTER
PASSIVES EINKOMMEN

Bilder und Kunst verkaufen

Hier stelle ich ein passives Geschäftsmodell für die Kreativen unter uns vor - die eigenen Bilder oder Kunstwerke automatisiert über das Internet zu verkaufen.

Das können zum Beispiel Leinwandbilder, Gemälde, Druckwerke, Malereien oder Collagen sein - aber nicht nur die Produkte selbst, sondern auch die digitalen Vorlagen dazu können verkauft werden. Im besten Fall sogar an einen Wiederverkäufer wie Möbelhäuser oder Kunsthändler, die für jedes verkaufte Bild eine Vergütung für das Design bezahlen.

Aber auch alle Leser, die keine außergewöhnliche Begabung für die Malerei besitzen, können mit Kunst passiv Geld verdienen. Zum Beispiel mit Leinwandbildern, auf denen motivierende, lustige oder romantische Zitate gedruckt sind - mit schönem Design und ansprechender Typografie versteht sich. Da es auch in diesem Bereich einige Konkurrenz-Unternehmen gibt, empfiehlt es sich wie so oft, sich mit den Motiven und Zitaten auf eine bestimmte Zielgruppe, Branche oder Nische zu fokussieren.

Beliebt sind auch Designs mit Sprüchen zu speziellen Geburtsmonaten, die gezielt über Online-Werbung bei Personen beworben werden, die im jeweiligen Monat Geburtstag haben. Oder bekannte Redewendungen und Dialekte bestimmter Länder oder Regionen, die sich über viel Zuspruch bei der Zielgruppe erfreuen. Die Nutzung von personenbezogenen Daten bei Werbung wie in diesen Beispielen verspricht sehr hohe Verkaufschancen, da man bei der Zielgruppe den Eindruck erweckt, dass die Produkte zufällig genau ihren Interessen und Angaben entsprechen. Am besten funktioniert dies mit Werbeanzeigen auf Social-Media-Plattformen wie Facebook oder Instagram, die ein detailliertes Targeting erlauben.

Der eigene Online-Shop, diverse Plattformen oder Marktplätze können als Verkaufskanäle fungieren. Für den Verkauf von digitalen Druckmotiven und Vorlagen gibt es einige Plattformen im Internet, wie zum Beispiel Etsy oder Spreadshirt. Auch interessant wäre Amazon Handmade - eine internationale Verkaufsplattform und Community für Kunsthandwerker.

STARTKAPITAL
SCHWIERIGKEIT
DAUER
KUNDEN
MARKETING
AFFILIATES
INFLUENCER
WEBSITE
PARTNER-STORE
AMAZON
PLATTFORMEN
BILDER
DRUCKMOTIVE
PASSIVES EINKOMMEN

Aktienhandel

Eine oft riskante und kostspielige, aber passive Methode für Einkommen, ist der Handel mit Aktien. Neben den Kursgewinnen bei positiver Entwicklung des jeweiligen Aktienkurses kann man hier ebenfalls von sogenannten Dividenden, den Gewinnausschüttungen von Aktiengesellschaften an die Aktionäre, profitieren. Aber von vorne - wie funktioniert der Handel mit Aktien genau?

Mit dem Kauf einer Aktie von einem Unternehmen gehört dem Aktionär, also dem Käufer, ein Teil dieser Firma. Dieser Unternehmensanteil ist natürlich in den meisten Fällen mikroskopisch klein, gerade bei großen Firmen. Je mehr Aktien man von einem Unternehmen besitzt, umso höher ist dementsprechend auch der Anteil als Miteigentümer. Hier spricht man von Klein- oder Großaktionären. Unternehmen, die Aktien zum Kauf anbieten, führen die Rechtsform Aktiengesellschaft und damit die Abkürzung „AG" hinter dem Firmennamen. Die Aktien werden an verschiedenen Börsen gehandelt, wie zum Beispiel an der größten elektronischen Aktienbörse in den Vereinigten Staaten, der NASDAQ. Aktien können aber auch außerhalb von Börsen, also privat, gehandelt werden.

Das Interessante am Kauf von Aktien ist in erster Linie die positive Entwicklung des Aktienkurses, jedoch sollte man auch auf regelmäßige Dividendenzahlungen bei der Aktienauswahl achten.

Diese finden allerdings meist nur einmal pro Jahr statt, somit eignet sich der Handel mit Aktien - außer bei großen Investitionssummen - oft nur als zusätzliche Einnahmequelle. Zudem sind Unternehmen in der Regel nicht dazu verpflichtet, jährlich eine Gewinnausschüttung an die Aktionäre abzugeben.

Für ein erfolgreiches Investment ist eine gründliche Aktienanalyse und Beratung zu empfehlen - Entscheidungen sollten nicht aufgrund der persönlichen Zu- oder Abneigung zu einem Unternehmen getroffen werden, sondern mit dem Ziel von langfristigen Gewinnen. Konzentriere dich für den Einstieg auf große Unternehmen, um das Risiko von Verlusten zu minimieren. Firmen mit beständigen Umsätzen und zahlreichen Mitarbeitern eignen sich für den Start in das Aktiengeschäft, das Risiko bleibt allerdings ein ständiger Begleiter.

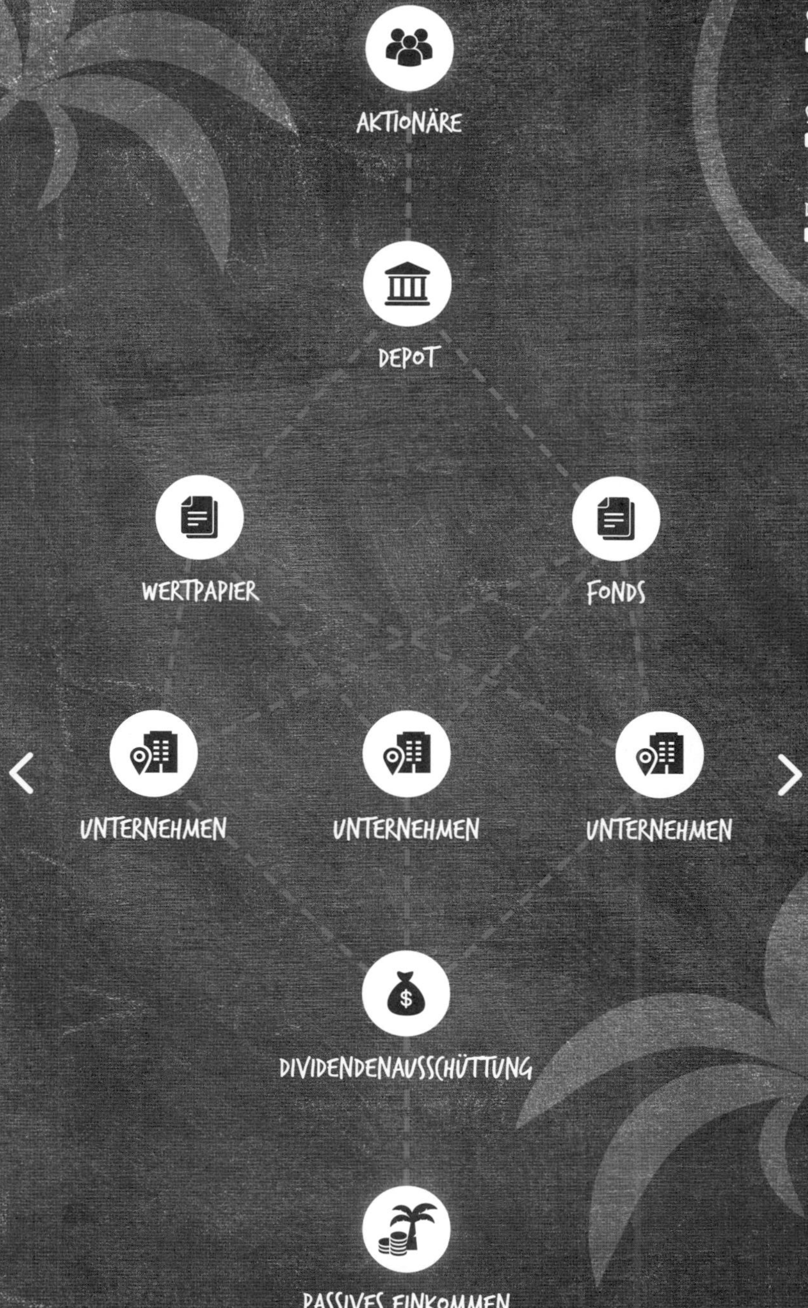

STARTKAPITAL

SCHWIERIGKEIT

DAUER

Gebrauchte Artikel verkaufen

Warum nicht alte oder gebrauchte Artikel zu Geld machen? Marktplätze und Online-Plattformen für gebrauchte Produkte sind sehr beliebt, da für beide Seiten eine Win-Win-Situation entsteht - der Verkäufer freut sich darüber, nicht länger benötigte Artikel verkauft zu haben und der Käufer erfreut sich über eine Ersparnis gegenüber dem Neupreis.

Aber nicht nur Gebrauchtes lässt sich verkaufen, sondern vor allem auch Rücksendungen, die sich zum Beispiel durch eine geöffnete oder beschädigte Verpackung, optische Mängel oder fehlendem Zubehör nicht mehr zum Verkauf um den regulären Preis eignen.

Für passives Einkommen könnte man beispielsweise eine eigene Website als Verkaufsportal für Gebrauchtes eröffnen und Unternehmen vorschlagen, ihre nicht wiederverkäuflichen Rücksendungen entgegen einer Provision zu verkaufen. Produkte, die gerne gebraucht gekauft werden, sind zum Beispiel Bücher, CDs und DVDs, Videospiele, Elektronik, Möbel, Instrumente oder Schmuck.

Auch hier kann man den Fokus auf eine spezielle Branche richten, um sich einen Vorteil gegenüber der Konkurrenz zu verschaffen. Ein konkretes Fallbeispiel für eine solche Ausrichtung auf eine Nische wäre eine Website für Gebrauchtes, die sich ausschließlich auf den Verkauf von gebrauchten E-Gitarren begrenzt.

Diese werden im benutzten Zustand von Unternehmen und privaten Anbietern gekauft, mit neuen Saiten oder gegebenenfalls neuer Elektronik bestückt, optisch aufbereitet und anschließend online verkauft. Außerdem kann man die Artikel zusätzlich (oder ausschließlich) auf anderen geeigneten Plattformen anbieten, wie zum Beispiel auf eBay, Amazon, reBuy, Yoused oder Momox.

Um den Aufwand so gering wie möglich zu halten, kann man auch hier ein Fulfillment-Center, externe Dienstleister oder eigenes Personal mit der gesamten Abwicklung beauftragen. Zwar ist dieses Geschäftsmodell durch den Ankauf gebrauchter Waren etwas komplexer, dennoch aber durch verlässliche Partner und durchdachte Abläufe vollständig automatisierbar.

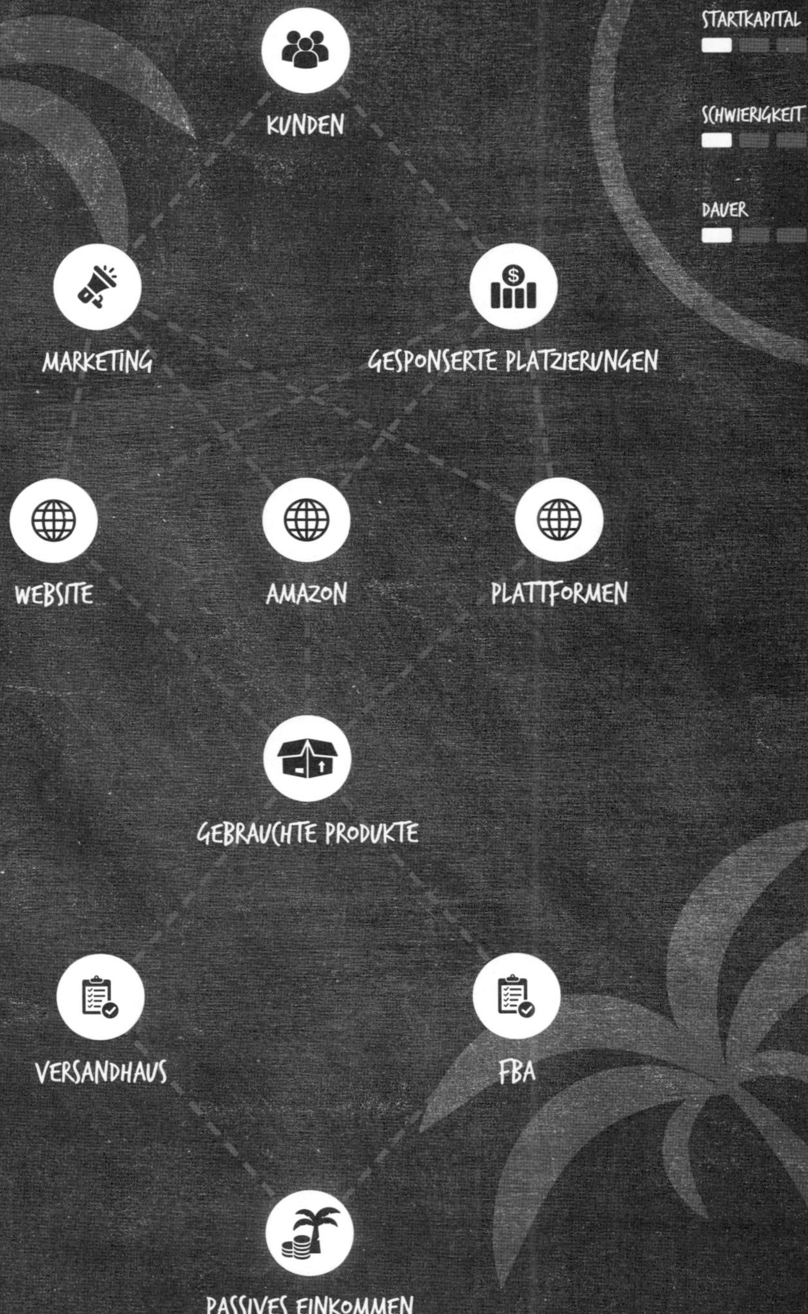
STARTKAPITAL
SCHWIERIGKEIT
DAUER
KUNDEN
MARKETING
GESPONSERTE PLATZIERUNGEN
WEBSITE
AMAZON
PLATTFORMEN
GEBRAUCHTE PRODUKTE
VERSANDHAUS
FBA
PASSIVES EINKOMMEN

Vermietung von Freizeitaktivitäten

Mehr Einnahmen und Freizeit verspricht auch die Vermietung von In- und Outdoor-Aktivitäten - wie zum Beispiel Paintball, Airsoft, Laser Tag, Escape-Rooms, Kletterparks, Tennisplätze, Trampolin-Spielparks, Bowling, Skateparks, Spielhallen, Eislaufplätze, Schwimmbäder, Thermen, Kinos oder Minigolf - um nur einige zu nennen.

Wie man anhand der vielen Beispiele sieht und auch selbst weiß, gibt es unzählige Möglichkeiten der Freizeitgestaltung. Einige davon lassen sich ohne oder mit wenig Personal betreiben und sind daher besonders interessant für passives Einkommen.

Nehmen wir als Beispiel Escape-Rooms, die immer beliebter werden. Dabei wird eine Gruppe von Personen in einem präparierten Raum eingesperrt und muss innerhalb einer vorgegebenen Zeit mithilfe von versteckten Hinweisen und Gegenständen einen Ausgang finden. Das Rätselspiel findet immer mehr Anklang in Europa und in vielen Städten nutzen bereits zahlreiche Anbieter die Chance mit der Eröffnung eines eigenen Escape-Rooms.

Als Betreiber könnte man dieses Freizeitangebot großteils oder vollständig automatisieren. So würden Gruppen den Escape-Room über eine Website buchen, bezahlen und anschließend über ein digitales Schloss betreten können. In diesem Szenario sorgen Notknöpfe und Kameras im Raum für Sicherheit, ein externes Unternehmen für die regelmäßige Reinigung und Wartung.

Dieses Prinzip lässt sich auf viele Freizeitaktivitäten anwenden und schafft ganz neue Aussichten auf Einnahmen ohne Aufwand. Natürlich bedarf es bei den meisten Angeboten einer entsprechenden Investition, die sich bei sorgfältiger Planung aber gewiss lohnen wird.

Also, sei kreativ und arbeite an eigenen Ideen - welche Freizeitaktivitäten wären in deinem Ort oder deiner Stadt interessant? Und wie könnte man diese vollständig oder großteils automatisieren und damit für passives Einkommen konzipieren?

Als kurze Erinnerung: Vorlagen für eigene Ideen und Notizen stehen am Ende des Buchs für dich bereit - nutze sie für deinen Erfolg.

STARTKAPITAL

SCHWIERIGKEIT

DAUER

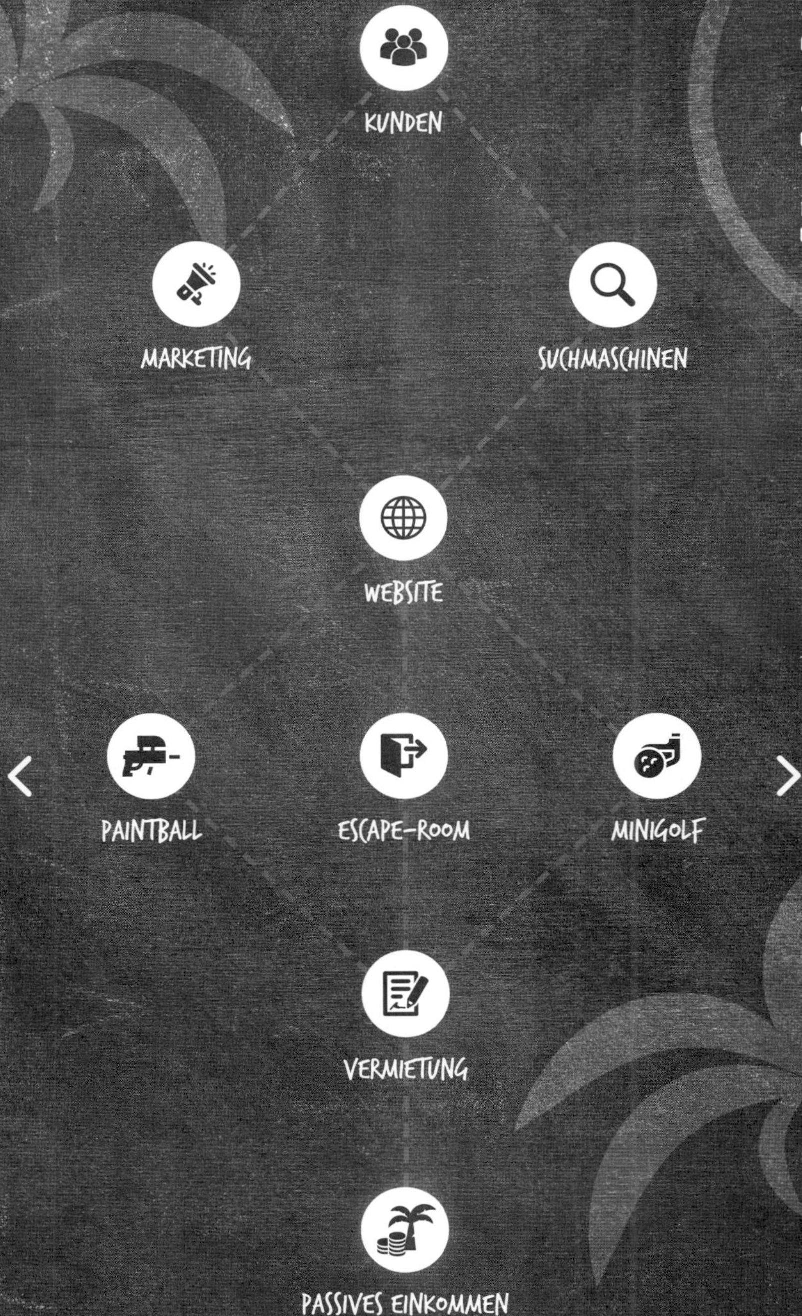

Wohngemeinschaft gründen

Hereinspaziert! Eine schnelle und einfache Möglichkeit für passive Mieteinnahmen ist die dauerhafte oder zeitlich begrenzte Vermietung eines Zimmers in den eigenen vier Wänden - die Gründung einer Wohngemeinschaft. Dabei kann natürlich nicht nur ein, sondern auch mehrere Zimmer vermietet werden, schließlich hat eine WG in vielen Fällen mehr als nur zwei Mieter.

Der Vorteil einer eigenen Wohngemeinschaft ist ein regelmäßiges, passives Einkommen. Dafür muss man sich allerdings damit zurechtfinden, nicht mehr alleine seine Wohnung nutzen zu können. Für manche Menschen mag das ein No-Go sein, andere wiederum schätzen die Gesellschaft und freuen sich vielleicht sogar über weitere Mitbewohner.

Wenn du dich für die Untervermietung deiner Wohnung oder deines Hauses interessierst, prüfe zunächst - falls die Immobilie gemietet wurde - den Mietvertrag auf die Zulässigkeit und informiere dich über die gesetzlichen Bestimmungen vor Ort.

Sobald du startklar bist, kannst du über Zeitungen oder Online-Plattformen nach passenden Mietern suchen. Solltest du eine WG mit Freunden in Erwägung ziehen, dann achte darauf, dass ihr die gleichen Vorstellungen vom gemeinsamen Wohnen und vor allem von Sauberkeit habt. Schließlich ist ein guter Freund nicht automatisch ein guter Mitbewohner. Im Zweifelsfall empfiehlt sich hier eine Art Testlauf - sollte man schließlich feststellen, dass das Zusammenleben doch nicht so funktioniert wie gewünscht, nimmt die Freundschaft in den meisten Fällen keinen Schaden und man kann einen anderen, passenden Mitbewohner suchen. In allen Fällen empfiehlt sich das Aufstellen und Einhalten einer Hausordnung oder die regelmäßige Absprache, um ein gemütliches und langfristiges Zusammenwohnen zu ermöglichen.

Je nach Wohnfläche und dem verfügbaren Budget kann man schließlich eine Reinigungskraft sowie eine Firma für die Abrechnungen in die Mietbeiträge der Mitbewohner einrechnen. Auf diese Weise erspart man sich allfällige Aufwände und hat damit eine passive Einnahmequelle geschaffen.

STARTKAPITAL
SCHWIERIGKEIT
DAUER
KUNDEN
SUCHE
PLATTFORMEN
INSERATE
WOHNGEMEINSCHAFT
MIETVERTRAG
PASSIVES EINKOMMEN

Hardware entwickeln

Nicht nur mit Software, sondern auch mit physischen Komponenten für elektronische Geräte kann man sich ein Geschäft aufbauen. Erfahrene Unternehmer können neue Hardware-Ideen entwickeln lassen und sich so einen Wettbewerbsvorteil gegenüber dem Vertrieb vorhandener Produkte und Marken verschaffen.

Beispiele für solche Innovationen aus der Vergangenheit sind externe Akkus (Powerbanks), Stative oder Stabilisatoren (Gimbals) für Smartphones. Neue Hilfsmittel für Geräte, die sehr viele Menschen besitzen, können oft einen Trend oder Hype auslösen, wie es zum Beispiel Selfie-Sticks getan haben. Die praktische Metallstange ermöglichte schöne Selbstaufnahmen und wurde binnen kurzer Zeit zum weltweiten Bestseller. Bei der Umsetzung einer guten Idee sollte man auf jeden Fall die Anmeldung eines Patents in Erwägung ziehen. Es schützt die Idee, das Design und/oder den Namen einer Erfindung und bietet damit nicht nur Schutz vor der Konkurrenz, sondern auch ganz neue Vertriebswege. So kann man zum Beispiel Lizenzgebühren von anderen Herstellern einnehmen, die an einer Produktion unter deren eigenen Markennamen interessiert sind.

Ein Fallbeispiel wäre das High Definition Multimedia Interface - besser bekannt als HDMI. Die Schnittstelle für die hochauflösende Bild- und Ton-Übertragung wurde von mehreren Konzernen entwickelt und patentiert. Wenn andere Unternehmen den Anschluss bei ihren eigenen Produkten und Geräten einbauen wollen, müssen sie eine Lizenzgebühr entrichten.

Natürlich kann man auch fremde Hardwareprodukte verkaufen, allerdings besteht oft nur noch die Möglichkeit eines Vorteils gegenüber der Konkurrenz durch einen günstigeren Preis. Sollte man sich dennoch für den Vertrieb bestehender Produkte entscheiden, empfiehlt sich zumindest der Vertrieb unter einer Eigenmarke.

Verkaufen könnte man die Artikel über den eigenen Online-Shop, verschiedene Verkaufsplattformen und auch offline in geeigneten Fachgeschäften. Ein externes Unternehmen kümmert sich im Idealfall um die Logistik und Verwaltung, so steht dem passiven Einkommen durch Hardware nichts mehr im Weg.

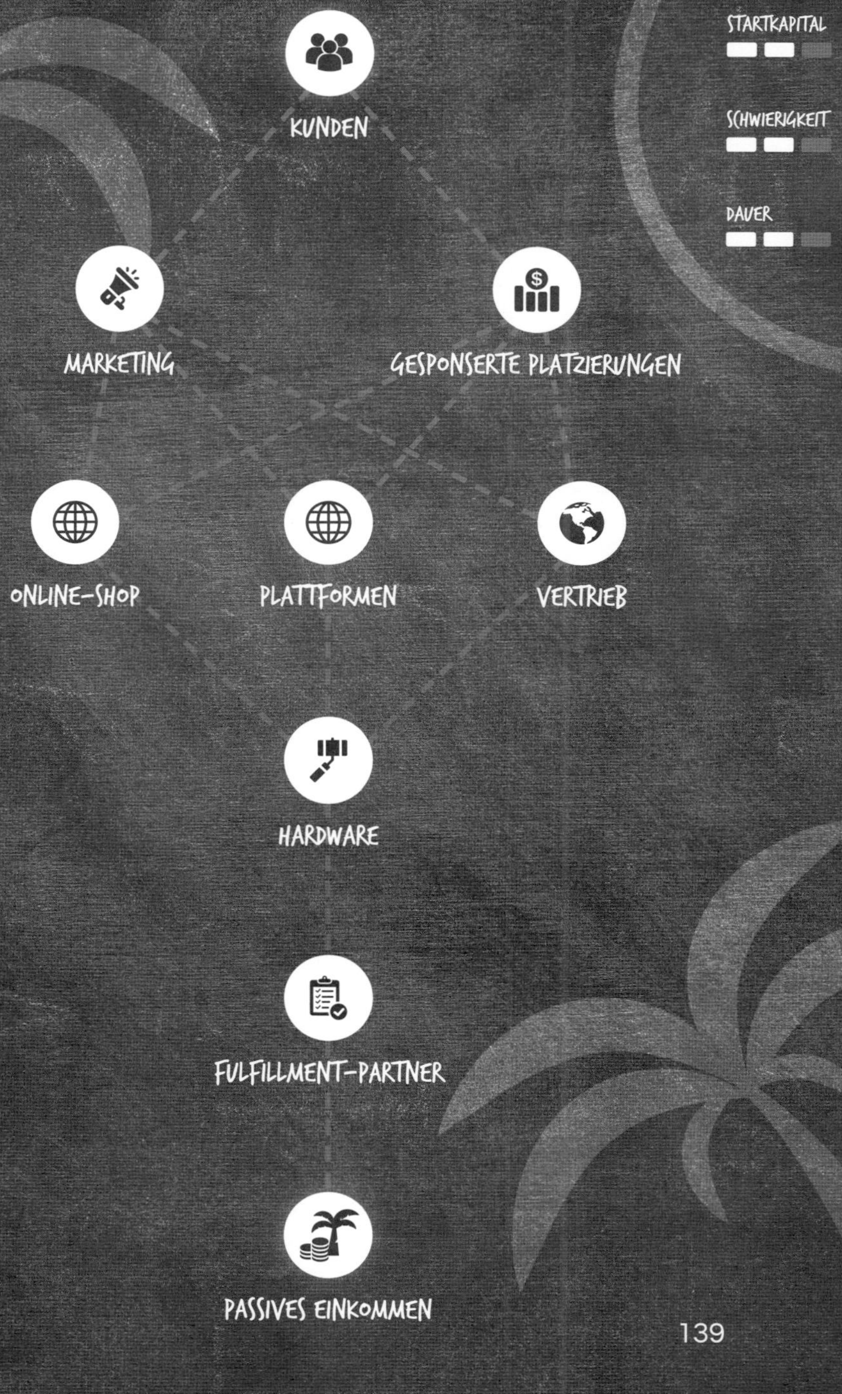
STARTKAPITAL
SCHWIERIGKEIT
DAUER
KUNDEN
MARKETING
GESPONSERTE PLATZIERUNGEN
ONLINE-SHOP
PLATTFORMEN
VERTRIEB
HARDWARE
FULFILLMENT-PARTNER
PASSIVES EINKOMMEN

Einrichtungen vermieten

Bitte lächeln! Mit der Vermietung von voll ausgestatteten Einrichtungen und Räumlichkeiten, wie zum Beispiel einem Fotostudio, lässt sich die jeweilige Zielgruppe begeistern und zu regelmäßigen Besuchen motivieren.

Im Beispiel eines Fotostudios profitieren Kunden von einer professionellen Ausrüstung, die sonst teuer gekauft werden müsste und von verschiedenen Räumlichkeiten für hochwertige Bilder, wie beispielsweise Sets mit Vintage-Feeling oder Industriecharakter - oder aber auch nur einem normalen Studio-Set mit High-End-Belichtung.

Diese Art der Vermietung ist auch in vielen anderen Bereichen und Branchen möglich, wie zum Beispiel mit einer Werkstatt. Diese ist mit Werkzeugen, einer Hebebühne und Geräten ausgestattet, die selbständige Mechaniker oder Hobby-Bastler für Fahrzeuge mieten und nutzen können.

Ein anderes Beispiel wäre ein Tonstudio, in dem Produzenten und Musiker ihre Songs und Alben mit professionellem Equipment und Instrumenten selbst aufnehmen können.

Vor allem Personen, die nebenberuflich ihrer Tätigkeit nachgehen oder gerade am Beginn ihrer unternehmerischen Erfolgsgeschichte stehen, sind meist sehr an der Nutzung von ausgestatteten Einrichtungen interessiert. Sie bieten ihnen die Möglichkeit, professionelle Arbeit ohne dem Besitz des entsprechenden Equipments liefern zu können. Aber auch für größere Unternehmen und Selbständige kann das Angebot interessant sein, wenn sie beruflich unterwegs sind und ihnen keine Ausrüstung vor Ort zur Verfügung steht.

Um mit der Vermietung solcher Einrichtungen zu beginnen, muss man sich als Anbieter um die Beschaffung hochwertiger Ausrüstung und das Mieten geeigneter Räumlichkeiten kümmern. Dabei spielt die Lage der Einrichtung oft eine wichtige Rolle. Während im Silicon Valley die Vermietung von voll ausgestatteten Büros für Start-ups lukrativ wäre, würden sich Künstler in Paris wahrscheinlich über Ateliers freuen. Denke über eigene Beispiele nach - was wäre in deinem Ort oder deiner Stadt sinnvoll?

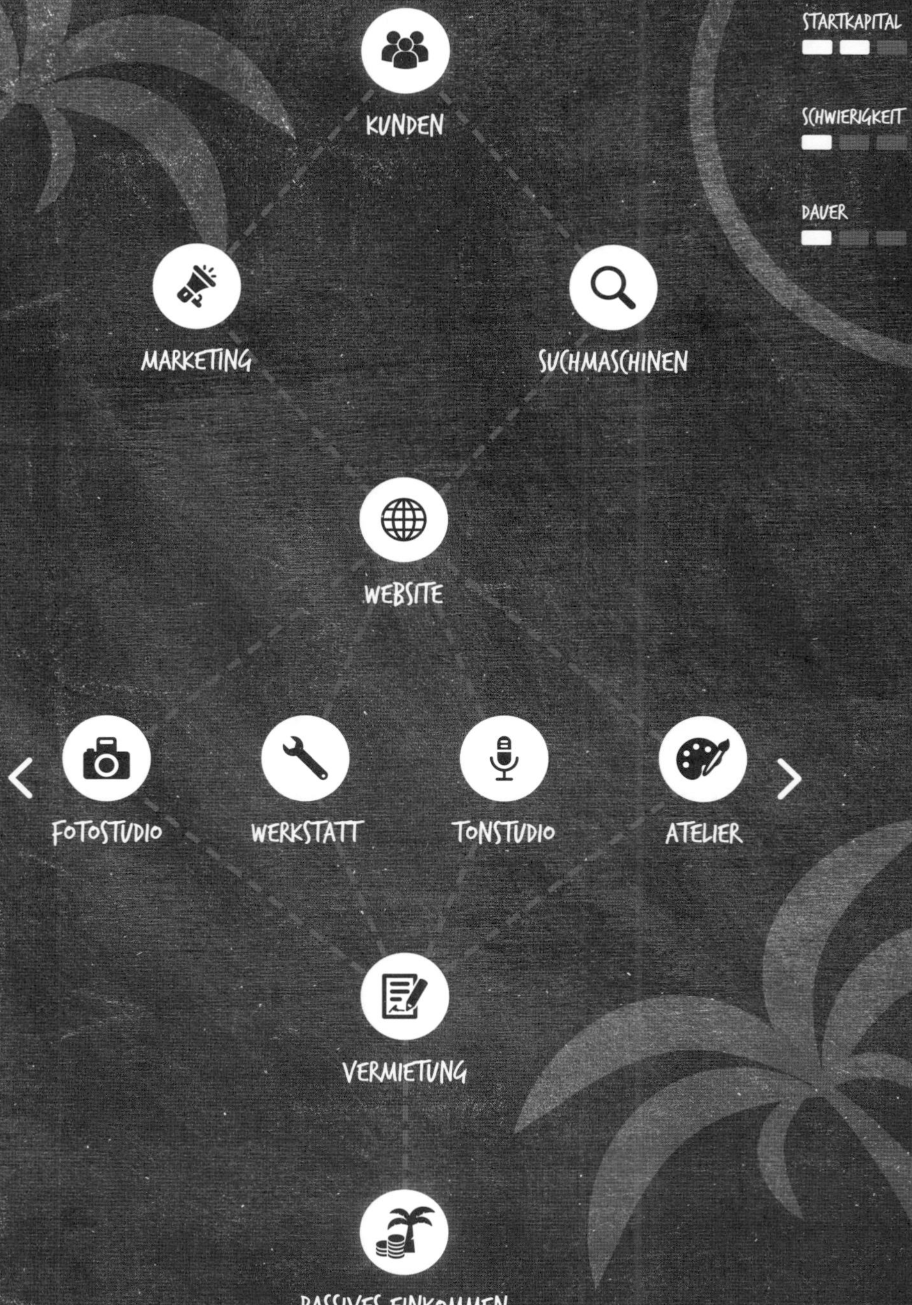
STARTKAPITAL
SCHWIERIGKEIT
DAUER
KUNDEN
MARKETING
SUCHMASCHINEN
WEBSITE
FOTOSTUDIO
WERKSTATT
TONSTUDIO
ATELIER
VERMIETUNG
PASSIVES EINKOMMEN

Online-Partnervermittlung

Das Kennenlernen im Café war gestern - heutzutage boomen Dating-Portale und Online-Partnervermittlungen wie nie zuvor. Erfolgreiche Beispiele dafür sind Parship, ElitePartner, LoveScout24, Lovoo oder Tinder. Letztere sind besonders bei der jungen Zielgruppe populär und werden hauptsächlich am Smartphone genutzt.

Die meisten Dating-Plattformen sind kostenlos nutzbar, während den Singles kostenpflichtige Premium-Mitgliedschaften schmackhaft gemacht werden. Diese verschaffen verschiedene Vorteile, wie etwa eine bessere Sichtbarkeit der eigenen Person, die Ausblendung von Werbeanzeigen oder die Einsicht in die Besucher des eigenen Profils. Abgerechnet wird dabei meist monatlich und es stehen verschiedene Pakete und Laufzeiten zur Auswahl.

Spätestens jetzt hört man die Kassen klingeln - während auf der Plattform Singles zueinander finden, kann sich der Betreiber über ein passives Einkommen erfreuen.

Eine automatisierte Online-Partnervermittlung kann eine durchaus solide Einnahmequelle werden, erfordert allerdings Programmierkenntnisse oder das nötige Kleingeld zur Entwicklung. Zudem müssen erst viele Singles den Weg zu der Plattform finden - das benötigt Zeit und ein entsprechendes Werbebudget, bestenfalls für TV-Werbung und Viral-Marketing.

Wie wir schon anhand der Beispiele am Anfang gesehen haben, gibt es einige große Plattformen, die den Markt dominieren. Newcomer und Start-ups sollten sich deshalb am besten an eine bestimmte Gruppe von Singles richten - die zum Beispiel ähnliche Interessen, Vorlieben, Ausbildungen oder Berufswege vorweisen.

Außerdem gibt es noch andere Zielsetzungen in der Partnervermittlung - wie etwa die Gründung von Familien, die Auswahl einer Leihmutter oder die Vermittlung eines passenden Samenspenders. Auf der Suche nach einer Nische kann man auch einen Blick in andere Bereiche und Branchen abseits der Liebe wagen - wie wäre es, Investoren mit Jungunternehmern zu vernetzen oder Musiker aus der Umgebung zusammenzuführen, die eine Band gründen wollen?

STARTKAPITAL
SCHWIERIGKEIT
DAUER
KUNDEN
MARKETING
TV-WERBUNG
WEITEREMPFEHLUNG
PARTNERVERMITTLUNG
MITGLIEDSCHAFT
PREMIUM-FUNKTIONEN
PASSIVES EINKOMMEN

Secondhandshop

Wie wir nun bereits wissen, lassen sich gebrauchte Produkte online leicht in Geld verwandeln - aber auch abseits des Internets kann sich dieses Geschäftsmodell rentieren, wie zum Beispiel mit einem eigenen Secondhandshop. Dorthin können Personen ihre gebrauchten Sachen bringen bzw. senden und erhalten nach einer Zustandsprüfung ein unverbindliches Angebot.

Auch in diesem Bereich kann man Unternehmen den Verkauf ihrer nicht wiederverkäuflichen Rücksendungen anbieten - nur eben nicht im Internet, sondern vor Ort in einem stationären Geschäft. Mit etwas Glück findet man so einen großen Partner, der einem in regelmäßigen Abständen seine gesamten Retoursendungen zum Verkauf zukommen lässt.

Da es auch hier einige Konkurrenzbetriebe gibt, die den An- und Verkauf von gebrauchten Produkten anbieten, empfiehlt sich wieder die Fokussierung auf eine bestimmte Branche oder Nische.

Auf diese Weise kann man gezielter für das Geschäft werben und hat einen Vorteil gegenüber Mitbewerbern, die gebrauchte Produkte aus allen Kategorien verkaufen. Oder aber gibt es in deinem Ort oder deiner Stadt vielleicht noch gar kein derartiges Geschäft?

Konkrete Beispiele für die Fokussierung auf eine Nische wären der ausschließliche Verkauf von gebrauchten E-Bikes, Gaming-Computern oder Holzöfen. Hier spielt oft wieder die Lokalität des Geschäftes eine entscheidende Rolle für das Erreichen der Zielgruppe und den erfolgreichen Verkauf der jeweiligen Produkte.

Damit aus dieser Idee eine passive Einnahmequelle wird, sollte man einen oder mehrere verlässliche Mitarbeiter einstellen und mit dem Kauf und Verkauf von Waren, der Verwaltung und der Buchhaltung des Secondhandshops beauftragen. Je nach Produktkategorie ist eventuell sogar der ausschließliche Verkauf durch Automaten möglich - mit Öffnungszeiten rund um die Uhr und ohne Personalkosten. In diesem Fall könnte ein externes Unternehmen oder ein persönlicher Assistent mit dem Wareneinkauf, der Befüllung und Wartung der Verkaufsautomaten beauftragt werden.

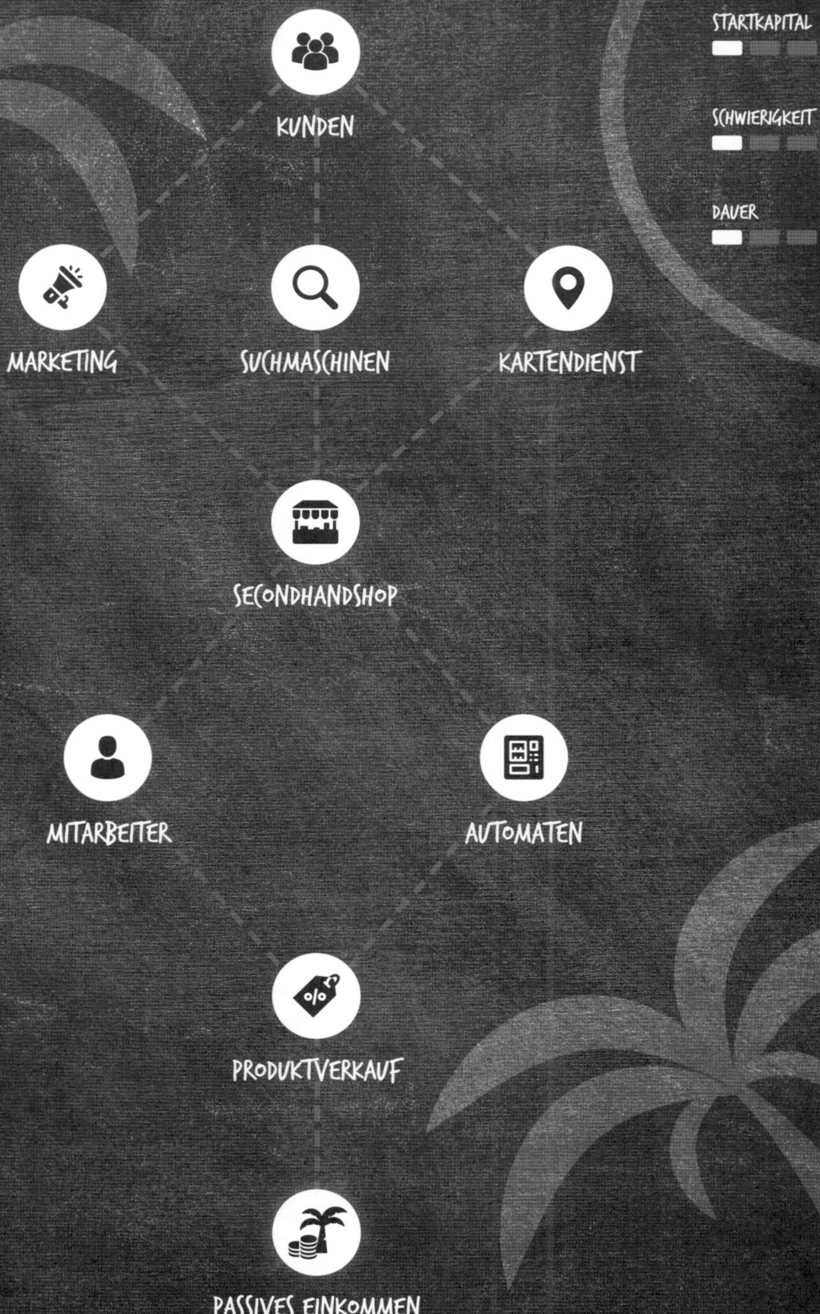
STARTKAPITAL
SCHWIERIGKEIT
DAUER
KUNDEN
MARKETING
SUCHMASCHINEN
KARTENDIENST
SECONDHANDSHOP
MITARBEITER
AUTOMATEN
PRODUKTVERKAUF
PASSIVES EINKOMMEN

Produkt mit Wiederkaufabsicht

Ein geschicktes Geschäftsmodell für regelmäßiges Einkommen ohne Aufwand ist der Verkauf von Geräten, die zum Gebrauch den wiederholten Kauf anderer Produkte bei derselben Firma erfordern.

Ein Beispiel dafür sind Kaffeemaschinen, die Konsumenten mit einem günstigen Preis locken, allerdings nur mit den (meist im Vergleich teuren) Kaffeepads des jeweiligen Herstellers funktionieren. Oft haben diese Pads oder Kapseln sogar eigene Seriennummern aufgedruckt, sodass die Kaffeemaschinen gar keine Möglichkeit zulassen, Kaffeepads von anderen, günstigeren Marken zu verwenden.

Bei diesem Verkaufsmodell wird der Großteil des Gewinns also nicht über den Produktverkauf selbst, sondern über die anschließenden regelmäßigen Einkäufe nach dem Erwerb des eigentlichen Gerätes erzielt.

Ein weiteres Beispiel für dieses lukrative Geschäftsmodell sind Wassersprudler, die mithilfe eines CO2-Zylinders normales Trinkwasser in Sodawasser oder mit Zusatz von Sirup in kohlensäurehaltige Limonade verwandeln können. Auch hier profitiert der Hersteller von dem Nachkauf der Sirupflaschen und der Wiederauffüllung der Gaszylinder. Das Hauptprodukt - also der Wassersprudler - ist dabei meist sehr günstig, um möglichst viele Kunden zu finden.

Oder hast du bereits an Drucker gedacht? Auch hier werden die Geräte für den Wiederkauf von Tintenpatronen mit eigener Erkennungstechnologie konzipiert. Werden fremde Produkte zur Nachfüllung verwendet, führt dies oft zu einer geringeren Druckqualität und teilweise auch zu Druckfehlern - oder die Tintenpatronen werden erst gar nicht vom Gerät erkannt. So führt es Personen, die eine günstigere Alternative probieren wollten, schließlich wieder zurück zu den Produkten des Herstellers.

Nach diesem Prinzip kann man also selber nach Ideen suchen, die ein passives Einkommen durch den Wiederkauf von regelmäßig benötigten Artikeln generieren. Allerdings setzt es einiges an Wissen und je nach Idee an Startkapital voraus, um ein eigenes Produkt dieser Art entwickeln und produzieren lassen zu können.

STARTKAPITAL
SCHWIERIGKEIT
DAUER
KUNDEN
MARKETING
GESPONSERTE PLATZIERUNGEN
ONLINE-SHOP
PLATTFORMEN
VERTRIEB
GERÄT
WIEDERKAUF
PASSIVES EINKOMMEN

Formulare, Verträge und Vorlagen verkaufen

Vor allem Unternehmer kennen es - man benötigt laufend verschiedene Dokumente, die meist selber geschrieben werden müssen.

Das können zum Beispiel Arbeitsverträge, Gesellschaftsverträge oder Businesspläne sein. Aber auch im digitalen Bereich werden von Unternehmen Dokumente benötigt, wie etwa die AGB (Allgemeinen Geschäftsbedingungen), Informationen zum Datenschutz oder das Impressum der eigenen Website.

Vorwiegend neue und junge Unternehmen sehen sich oft mit der zeitintensiven und aufwendigen Erstellung verschiedener Dokumente überfordert - oder möchten aus rechtlicher Sicht auf Nummer sicher gehen und greifen daher zu vorgefertigten Texten.

Private Personen bleiben von der Bürokratie ebenfalls nicht verschont - Lebensläufe, Bewerbungen, Kündigungen oder zum Beispiel auch Testamente müssen meist selbst verfasst werden. Auch hier sind professionelle Textvorlagen aus dem Internet gefragt, die unkompliziert heruntergeladen und ausgefüllt werden können.

Indem man einen eigenen Online-Shop für Vorlagen, Musterverträge und -briefe eröffnet, hilft man nicht nur privaten Personen und Unternehmen dabei, viel Zeit zu sparen, sondern kann sich dadurch auch ein passives Einkommen sichern. Da es eine Vielzahl an möglichen Vorlagen sowie bestehenden Anbietern gibt, empfiehlt sich wieder die Fokussierung auf eine oder mehrere Branchen - wie zum Beispiel auf die Hotellerie. Hier könnten Hoteliers auf die Tourismusbranche angepasste Dokumente kaufen und herunterladen, wie beispielsweise Arbeitsverträge oder Einwilligungserklärungen zum Datenschutz von Übernachtungsgästen.

Je nach Anzahl der verfügbaren Dokumente kann man sie als Betreiber gegen eine einmalige Gebühr oder im Zuge einer Mitgliedschaft anbieten. Dieses Geschäftsmodell kann ohne großen finanziellen Aufwand gestartet werden, allerdings empfiehlt sich die Zusammenarbeit mit Experten und Juristen aus der jeweiligen Branche - schließlich müssen vertragliche Dokumente auch rechtssicher sein, darauf vertrauen die Kunden bei ihrem Kauf.

STARTKAPITAL
SCHWIERIGKEIT
DAUER
KUNDEN
MARKETING
SUCHMASCHINEN
AKQUISE
TEXTVORLAGEN-SHOP
KAUF
MITGLIEDSCHAFT
PASSIVES EINKOMMEN

Tourismus-Führungen

Ein wohl eher unbekanntes Konzept für passives Einkommen ist das Anbieten von spannenden Führungen, Touren, Aktivitäten und Entdeckungen für Urlauber und Reisende. Besser gesagt das Organisieren dieser - durchgeführt werden sie von Mitarbeitern oder selbständigen Personen auf Provisionsbasis.

Beispiele für solche Führungen sind Sightseeing-Touren, geführte Wanderungen, Bootsfahrten, Radtouren oder Tagesausflüge. Vorwiegend Reisende und Urlauber sind für diese Leistungen sehr zu begeistern - vorausgesetzt, der Preis liegt in einem angemessenen Verhältnis zum Angebot. Aber auch Anwohner sind oft nicht abgeneigt, gemeinsam als Gruppe ihren Wohnort neu zu erleben oder dessen Geschichte näher kennenzulernen.

Viele Reiseplattformen im Internet bieten eigene Bereiche für solche Tourismus-Führungen an. Beispiele dafür sind die Rubriken Entdeckungen auf Airbnb oder Aktivitäten auf TripAdvisor. Dort können Interessierte nach den gewünschten Angeboten suchen und Aktivitäten in der Nähe entdecken. Anbieter können ihre Leistungen meist kostenlos oder günstig inserieren und damit auf einfache Weise Teilnehmer für ihre Führungen finden.

Sobald man eine passende Führung oder Leistung ausgesucht und organisiert hat, die man Touristen oder Einwohnern anbieten will, kann man sie auf Reiseplattformen oder einer eigenen Website anbieten. Eventuell kann man auch den jeweiligen Tourismusverband vor Ort für eine Zusammenarbeit begeistern und auf diese Weise laufend neue Kunden für das Programm gewinnen. Hat man die Teilnehmerquote auf ein konstantes Niveau gebracht, könnte man zusätzlich die Angebote von anderen Veranstaltern in der Nähe gegen eine Provision an die eigenen Kunden weiterempfehlen.

Im Idealfall ist der vollständige Ablauf der Führungen durch Mitarbeiter automatisiert - somit wird aus diesem Geschäftsmodell eine passive Einnahmequelle. Wenn sich die Leistungen wie gewünscht verkaufen, kann man außerdem weitere Führungen und Aktivitäten mit anderen interessanten Themen anbieten - oder sogar in anderen Städten und Ländern.

STARTKAPITAL

SCHWIERIGKEIT

DAUER

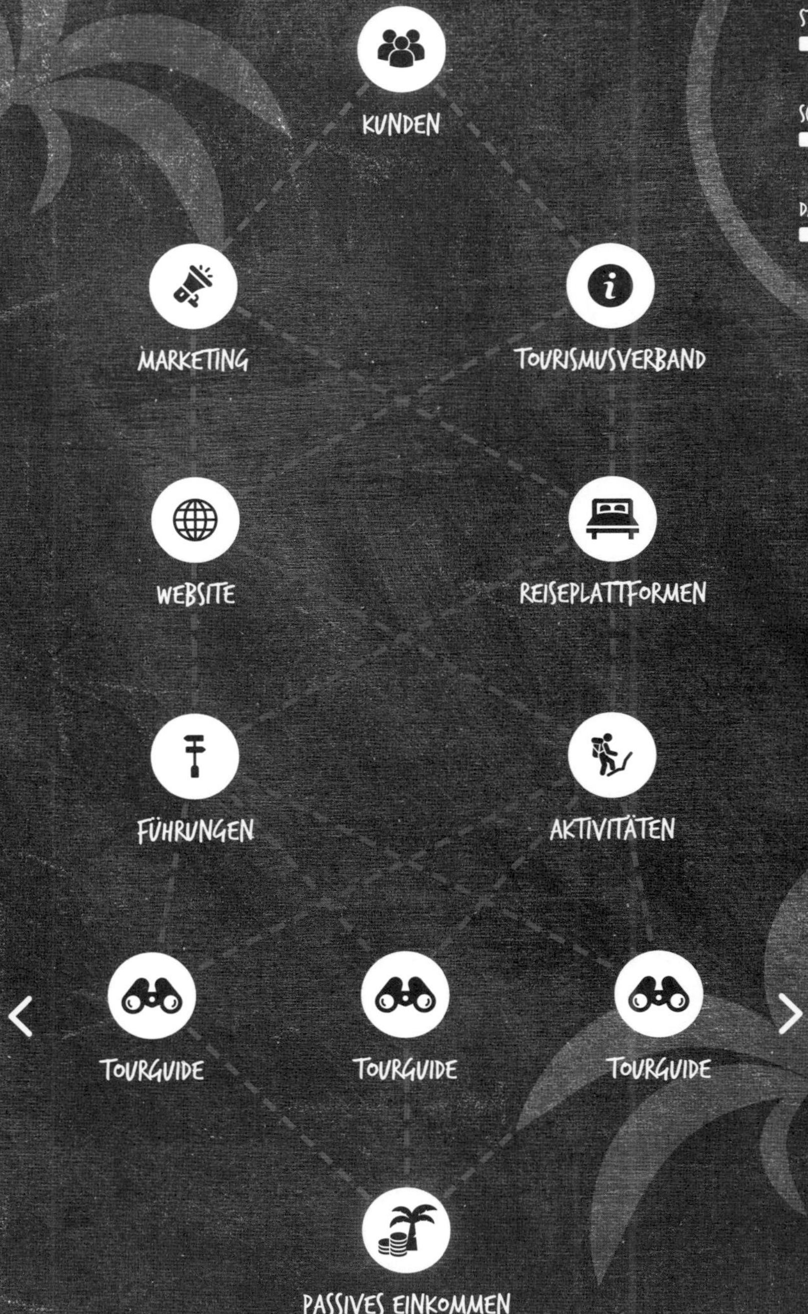

Klassischer Produktverleih

Netflix, Amazon Video & Co. - viele klassische Videotheken haben bereits den Betrieb eingestellt, da sie dem digitalen Wandel und den großen Streaming-Anbietern nicht gewachsen waren. Trotzdem liegen im klassischen Produktverleih noch Möglichkeiten für passives Einkommen.

Ein Beispiel dafür wäre eine Leihbibliothek. Obwohl E-Books an Beliebtheit gewinnen, gibt es noch mehr als genügend Leser, die ein echtes Buch anstelle eines elektronischen Geräts in der Hand halten wollen - und dafür auch gerne einmal den Besuch einer Bibliothek einer Bestellung im Internet vorziehen. Zudem bieten solche Einrichtungen oft eine größere Vielfalt an Büchern und Informationen als Online-Plattformen, vor allem in Hinsicht auf historische und kulturelle Werke. Anstatt den vollen Preis zahlen zu müssen, kann man Bücher für eine meist geringe und einmalige Leihgebühr oder eine preiswerte Jahresmitgliedschaft für einen bestimmten Zeitraum mitnehmen und lesen.

Auch eine Bibliothek könnte man auf eine oder wenige spezielle Zielgruppen richten und davon profitieren – wie zum Beispiel auf Bücher zum Thema Wirtschaft und Karriere. Dort würden Selbständige und Arbeitnehmer genau die Werke vorfinden, die für sie von Interesse sind. Dementsprechend groß wird auch das Interesse dieser Zielgruppe sein, Kunde dieser Leihbibliothek zu werden.

Neben dem Verleih von Büchern sind zum Beispiel auch Computer- und Konsolenspiele gefragt. Da viele Personen nicht am dauerhaften Besitz, sondern lediglich an der einmaligen Nutzung der Spiele interessiert sind, erfreut sich der Produktverleih auch in dieser Branche über viel Zuspruch.

Besonders interessant für passives Einkommen ist außerdem der Verleih von Medien über Automaten, bei denen Kunden rund um die Uhr Bücher, Spiele oder Filme ausleihen können. Je nach Gerät und Produktkategorie erfolgt der Verlieh über eine Mitgliedskarte und erfordert eine Sicherheitsbestätigung für den Jugendschutz - wie etwa einen Fingerabdruck oder PIN-Code, der beim Abschließen der Mitgliedschaft erstellt wird.

STARTKAPITAL

SCHWIERIGKEIT

DAUER

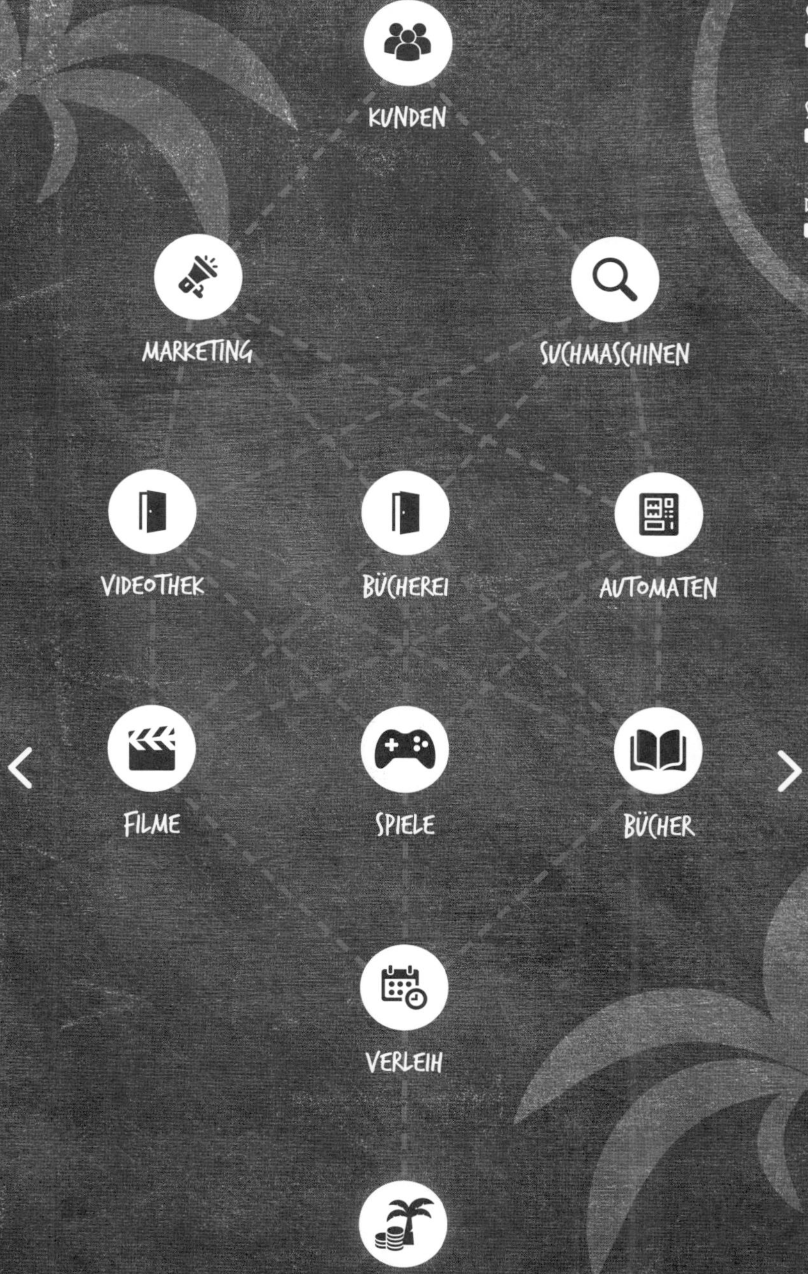

Brettspiele verkaufen

Schon seit Jahrtausenden erfreut sich die Bevölkerung an Brettspielen - und auch heute verlieren sie trotz der vielen digitalen Neuheiten nicht an Beliebtheit. Klassische Brettspiele sind zum Beispiel Schach, Backgammon, Mühle oder Dame. Zu den moderneren Spielen zählen Mensch ärgere dich nicht, Monopoly, Risiko oder Scrabble. Aber auch Kartenspiele sind nicht wegzudenken, wie das weltweit bekannte und geliebte Spiel Uno.

Ein neuer Trend sind zudem Spiele, die zusätzlich die Verwendung einer App am Smartphone oder Tablet erfordern - auf diese Weise wird das Spielerlebnis erweitert und noch mehr Möglichkeiten für Spielspaß geschaffen.

Wie kann man also mit einem eigenen oder neu interpretierten Brett- oder Kartenspiel durchstarten? Neben der Finanzierung der Entwicklung und Produktion aus eigener Tasche bieten vor allem Crowdfunding-Plattformen große Chancen für das Veröffentlichen neuer Gesellschaftsspiele. Ein überaus erfolgreiches Beispiel ist das Kartenspiel Exploding Kittens, das auf der Crowdfunding-Plattform Kickstarter mehrere Millionen Dollar durch eine unglaubliche Anzahl an weltweiten Unterstützern sammeln konnte.

Natürlich benötigt die Entwicklung, Produktion und Veröffentlichung eines solchen Projektes einige Zeit und finanzielle Mittel für die Sample-Produktion und das Marketing - allerdings kann man von einem erfolgreichen Brettspiel über Jahre passives Einkommen erzielen, wenn nicht sogar ein Leben lang.

Dafür ist das Patentieren eines guten Spielkonzeptes sehr zu empfehlen. Der Erfinder vom Kartenspiel Uno verkaufte zum Beispiel die Rechte am Spiel für eine fünfstellige Summe und für eine Beteiligung an jedem zukünftig verkauften Exemplar. Wie wir uns beide vorstellen können, wird er durch diesen Deal kein schlechtes Leben führen. Passives Einkommen durch ein Brett- oder Kartenspiel kann aber auch auf klassischen Wegen, wie dem eigenen Online-Shop, Plattformen wie Amazon oder dem Vertrieb in stationären Geschäften erzielt werden. Für den Erfolg braucht es lediglich ein unterhaltsames Spielkonzept - sei kreativ!

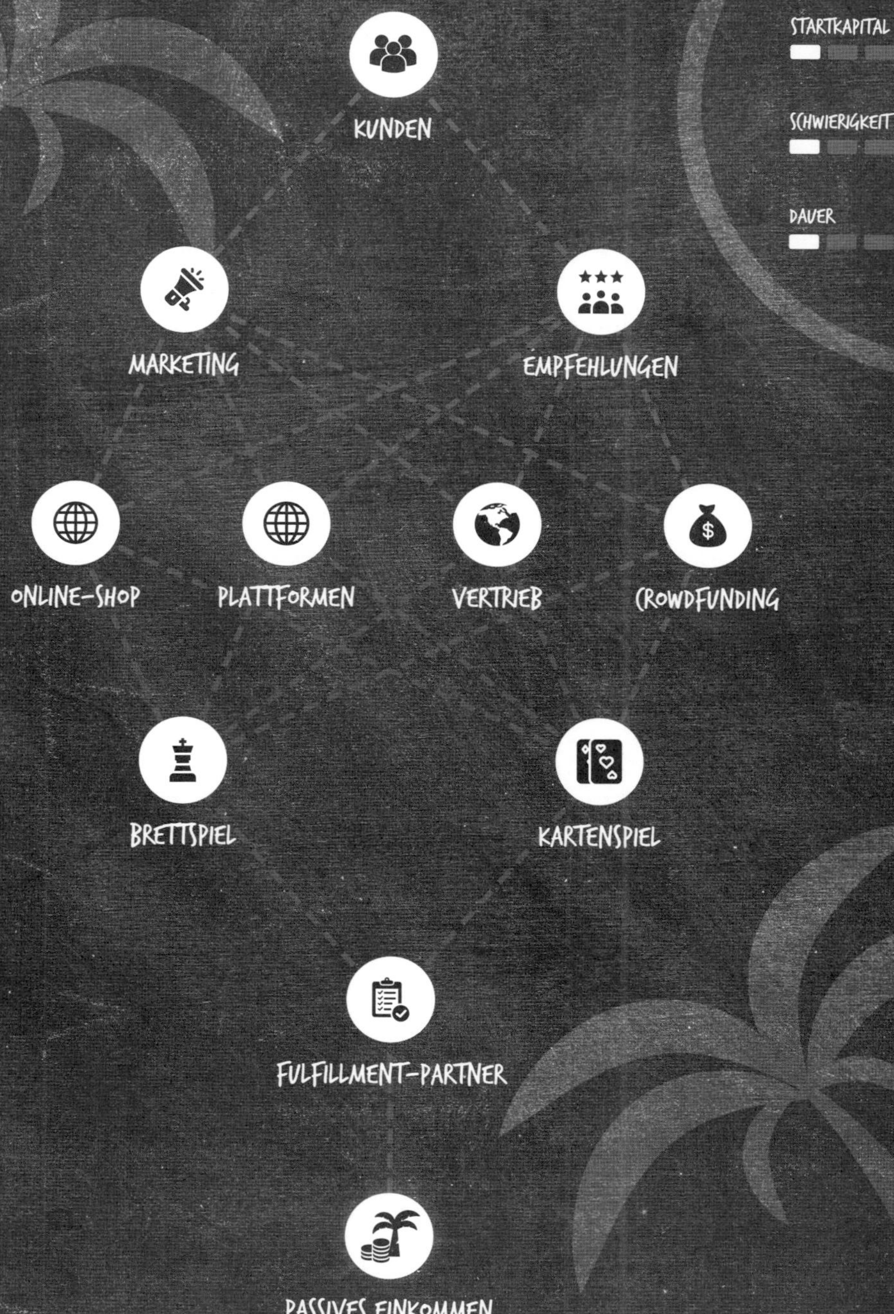
STARTKAPITAL
SCHWIERIGKEIT
DAUER
KUNDEN
MARKETING
EMPFEHLUNGEN
ONLINE-SHOP
PLATTFORMEN
VERTRIEB
CROWDFUNDING
BRETTSPIEL
KARTENSPIEL
FULFILLMENT-PARTNER
PASSIVES EINKOMMEN

Eigenes MLM-System

Neben der Teilnahme als Mitglied lassen sich vor allem als Betreiber eines Multi-Level-Marketing-Systems regelmäßige Gewinne erzielen. Um ein solches Geschäft in die Gänge zu bringen, benötigt es natürlich vorerst viel Zeit für das Finden motivierter Mitglieder und den Aufbau einer Vertriebsstruktur.

Anschließend verdient man aber an den Verkäufen aller Mitglieder, die zudem stets neue Mitglieder anwerben und damit für noch mehr Umsatz sorgen. Im Idealfall wird das MLM-System auf diese Weise später ausschließlich von den selbständigen Mitarbeitern betrieben und erweitert - für den Anbieter gestaltet es sich hingegen passiv. Gegebenenfalls kann für allfällige organisatorische Arbeiten und Entscheidungen ein Geschäftsführer ernannt werden.

Wie hoch die jeweiligen Provisionen ausfallen und wie die Struktur genau aufgebaut ist, kann man als Gründer natürlich selbst festlegen - ebenso wie das Produkt oder die Dienstleistung, die im System verkauft wird.

Beliebt sind dabei Nahrungsergänzungsmittel oder Getränke, allerdings lässt sich diese Form des Direktvertriebs prinzipiell auf jedes Produkt anwenden. Wichtig ist nur, dass der Aufbau des MLM-Systems aus rechtlicher Sicht zulässig ist und nicht dem eines illegalen Schneeballsystems ähnelt, wo nur die Rekrutierung neuer Mitglieder im Fokus steht - hier empfiehlt es sich auf jeden Fall, sich vor der Gründung zu erkundigen.

Aber zurück zur Produktauswahl - empfehlen würde sich auf jeden Fall ein eigenes Produkt oder eine eigene Marke, auf diese Weise ist man nur von seinem Hersteller und nicht von anderen Zwischenhändlern abhängig. Oder könnte man die Produkte vielleicht sogar selbst herstellen und braucht nur Lieferanten für die Rohstoffe?

Natürlich kann sich dieses Geschäftsmodell aber ebenso um eine Dienstleistung drehen - als Inhaber eines MLM-Systems stehen alle Wege und Möglichkeiten offen. Die Vorarbeit und Kenntnisse, die der Aufbau eines solchen Systems voraussetzt, sollte man allerdings nicht unterschätzen.

MITGLIED
MITGLIED
MITGLIED
MITGLIED
MITGLIED
EIGENES MLM-SYSTEM
PRODUKT
DIENSTLEISTUNG
PROVISION
PASSIVES EINKOMMEN
STARTKAPITAL
SCHWIERIGKEIT
DAUER

Co-Working-Spaces

Wer arbeitet schon gerne alleine? Die Idee von geteilten Arbeitsflächen wird bei Einzelunternehmern und Start-ups immer beliebter.

Beim sogenannten Co-Working arbeiten Unternehmer aus verschiedensten Branchen in einem gemeinsamen Büro und können dabei als Netzwerk voneinander profitieren. Zum Beispiel durch gegenseitige Tipps, der gemeinsamen Realisierung eines Projektes oder dem Finden von passenden Geschäftsideen. Ein weiterer Vorteil für die Mieter liegt in den oft vergleichsweise geringen Kosten gegenüber der alleinigen Miete eines normalen Büros.

Wenn man an passiven Einnahmen durch die Vermietung eines solchen Gemeinschaftsbüros interessiert ist, benötigt man vorerst eine geeignete Immobilie, deren Untervermietung erlaubt ist. Selbstverständlich sollte sich diese in einer Umgebung befinden, in der viele Gründer zugegen sind.

Bei diesem Geschäftsmodell gestaltet sich die Fokussierung auf eine bestimmte Unternehmergruppe, wie zum Beispiel auf Grafiker und Designer, ausnahmsweise nicht unbedingt als Vorteil, da die Nutzer meist von einem branchenübergreifenden Netzwerk profitieren wollen. Je nach Lage des Büros ist die Suche nach geeigneten Nutzern auch ohne Spezialisierung auf eine Branche oft nicht so einfach, da sich das Angebot bereits auf eine spezielle Zielgruppe beschränkt - nämlich auf Klein-, Jung- und Einzelunternehmer, die einerseits noch nicht die Firmengröße für die Notwendigkeit eines eigenen Büros erreicht haben, aber andererseits genug regelmäßige Einnahmen erzielen, um sich einen Arbeitsplatz außerhalb der eigenen vier Wände leisten zu können.

Aufgrund dieser eingeschränkten Zielgruppe empfiehlt sich die Eröffnung meist nur in Städten, um die Chancen auf das Finden von passenden und ausreichenden Mietern zu erhöhen.

Wie auch bei normalen Immobilien kann man eine externe Hausverwaltung, Reinigungskraft und Abrechnungsfirma mit den alltäglichen Aufgaben des Gemeinschaftsbüros beauftragen und somit die Verknüpfung der Einnahmen mit der eigenen Arbeitszeit lösen.

STARTKAPITAL
SCHWIERIGKEIT
DAUER
UNTERNEHMER
MARKETING
SUCHE
PLATTFORMEN
INSERATE
CO-WORKING-SPACE
MIETVERTRAG
MIETVERTRAG
MIETVERTRAG
VERWALTUNG
PASSIVES EINKOMMEN

Vermietung von Sanitäranlagen

Wenige Leute gehen gerne auf ein Konzert oder mehrtägiges Festival, bei dem keine Toiletten oder Duschen zur Verfügung stehen. Die Vermietung von mobilen Sanitäranlagen für Veranstaltungen, Baustellen und öffentliche Plätze ist vermutlich nicht die populärste Idee für passives Einkommen, aber jedenfalls eine Erwähnung wert.

Die erste mobile Toilette wurde im 20. Jahrhundert erfunden und ist seitdem nicht mehr von Plätzen mit fehlender Sanitär-Infrastruktur wegzudenken. Aber nicht nur die stillen Örtchen erleichtern uns das Leben, sondern zum Beispiel auch mobile Duschen, Urinale und Waschstationen. Werfen wir nun einen Blick auf die Seite des Unternehmers - dieser bietet für die Anlagen eine Kurz- oder Langzeitmiete an und vertraut auf Mitarbeiter oder externe Partner, die sich um die Lieferung, Abholung und Wartung der Anlagen kümmern. Durch ein anfängliches Investment und dem anschließenden Aufbau eines Kundennetzwerkes profitiert der Inhaber von einer passiven Einnahmequelle.

Natürlich gibt es auch im Bereich der mobilen Hygiene-Lösungen einiges an Konkurrenz. Zieht man also die Vermietung oder Entwicklung eigener Anlagen in Erwägung, sollte man an einem Alleinstellungsmerkmal arbeiten - wie beispielsweise einer gesteigerten Umweltfreundlichkeit gegenüber Anlagen mit Chemie. Oder man fokussiert sich auf einen speziellen Bereich, wie zum Beispiel auf Rock-Festivals - wären mobile Toiletten in Form und im Design einer Schlagzeugtrommel nicht ein echtes Highlight für den Veranstalter und die Besucher?

Extravagante Designs für spezielle Einsatzbereiche oder umweltfreundliche Lösungen wären also schon einmal gute Beispiele für ein Alleinstellungsmerkmal in dieser Branche.

Die Entwicklung von eigenen Sanitärsystemen und einer zugehörigen Marke bietet auch hier mehr Vorteile als die Vermietung von fremden Produkten. Schließlich kann man als Hersteller selbst entscheiden, ob die Systeme ausschließlich selbst oder auch durch Vertriebspartner vermietet werden - während bestehende Systeme von Fremdmarken prinzipiell von jedem angeboten werden können.

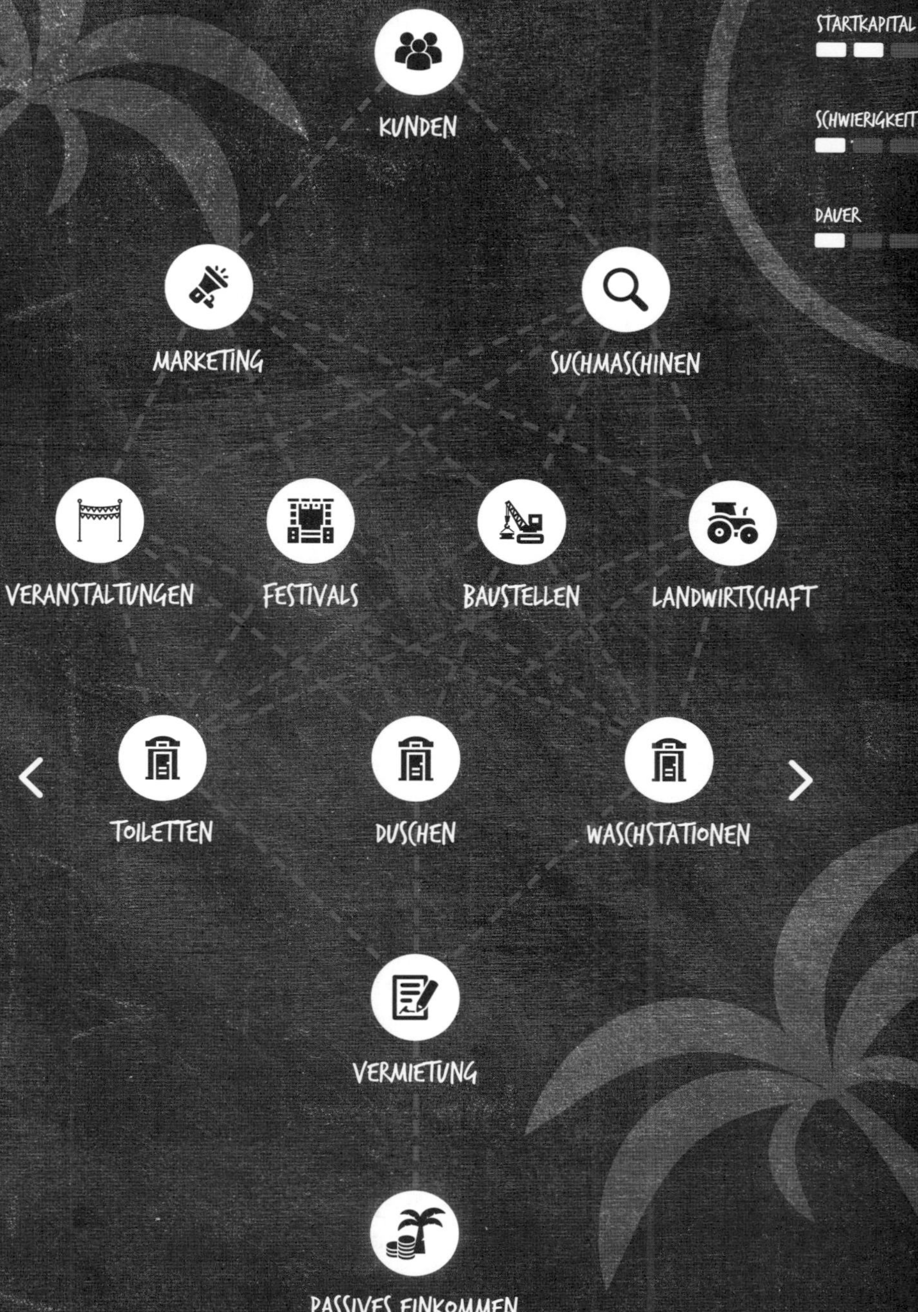

STARTKAPITAL
SCHWIERIGKEIT
DAUER
KUNDEN
MARKETING
SUCHMASCHINEN
VERANSTALTUNGEN
FESTIVALS
BAUSTELLEN
LANDWIRTSCHAFT
TOILETTEN
DUSCHEN
WASCHSTATIONEN
VERMIETUNG
PASSIVES EINKOMMEN

Mobiler Verkauf

Passives Einkommen auf vier Rädern – das verspricht der mobile Verkauf von Lebensmitteln und Produkten. Jedenfalls wenn man sich nicht selbst um den Warenverkauf kümmert, sondern ihn Mitarbeitern überlässt.

Viele kennen es - die Sonne scheint und die Temperaturen klettern hoch, da hört man schon die schrille Glocke eines Eiswagens, der durch die Nachbarschaft streift. Obwohl in vielen Orten und Städten meist schon genügend Eisdielen vorhanden sind, kann der mobile Verkauf an manchen Plätzen mit wenig Konkurrenz doch sinnvoll und lukrativ sein - denn er überzeugt mit einem entscheidenden Vorteil: Anders als die Konkurrenz mit stationären Geschäften kann der Eiswagen stets überall dort sein, wo sich gerade die meisten potenziellen Kunden aufhalten.

Aber nicht nur Eis eignet sich für den Verkauf unterwegs, sondern vor allem auch Speisen und Getränke. Beispiele dafür sind mobile Imbissstände oder Getränke- und Ausschankwagen. In der Nähe von Ausflugszielen oder tourismusreichen Orten kann der Verkauf auf vier Rädern viele Kunden anziehen - aber auch auf Veranstaltungen, Feiern oder sonstigen Anlässen sind die Wagen beliebt. Hier wird oft die ganztägige Miete oder ein Pauschalpreis für die Veranstalter angeboten. Viele mobile Geschäftsmodelle sind aber saisonal bedingt - wie eben der Verkauf von Eis oder zum Beispiel auch der Verkauf von Punsch, Glühwein und Kastanien im Winter. Wer sich also ein ganzjähriges Einkommen sichern möchte, sollte auf Waren setzen, die sich das ganze Jahr zum Verkauf eignen.

Bevor es mit dem mobilen Verkaufsstand losgeht, muss allerdings erst die Aufstellung an einem öffentlichen Platz bzw. diverse Genehmigungen bei der zuständigen Behörde beantragt werden. Um rechtliche Missverständnisse zu vermeiden, sollte man sich zudem vor dem Start ausführlich über die Voraussetzungen informieren.

Mit Personal für den Verkauf und festen Verträgen mit Lieferanten, die in regelmäßigen Abständen die Waren oder Rohstoffe liefern, können Verkaufsstände schließlich automatisiert und so zu einer passiven Einnahmequelle werden.

STARTKAPITAL
SCHWIERIGKEIT
DAUER
KUNDEN
MARKETING
SUCHMASCHINEN
KARTENDIENST
IMBISS
GETRÄNKEWAGEN
VERKAUFSSTAND
MITARBEITER
PRODUKTVERKAUF
PASSIVES EINKOMMEN

Online-Produktverleih

Warum Produkte und Medien zum vollen Preis kaufen, wenn man sie auch günstig im Internet ausleihen und zurücksenden kann?

Es gibt bereits einige Online-Shops, bei denen man Produkte wie Bücher, Spiele oder Filme nicht kaufen, sondern leihen kann. Dabei bezahlt man eine Gebühr für das Leihen über einen ausgewählten Zeitraum und erhält die Artikel anschließend bequem per Post. Mit einem bereits beiliegenden, vorgedruckten Rücksendeetikett wird der Artikel dann einfach rechtzeitig retourniert.

Der Vorteil für den Betreiber des Shops ist, dass die Artikel beliebig oft wiederverwendet und verliehen werden können - allerdings nur dann, wenn die Kunden sorgfältig mit den geliehenen Artikeln umgehen. Vor allem bei fremdem Eigentum hört bei manchen Personen die eigene Sorgfalt auf - durch klare Richtlinien, einer Kaution oder einem möglichen Ausschluss aus dem Programm könnte man die Chancen für einen guten Umgang mit den Artikeln erhöhen.

Als Voraussetzung für einen Online-Verleih braucht man jedenfalls etwas Startkapital, da erst ein entsprechendes Sortiment angeschafft werden muss. Zusätzlich benötigt es Personal oder einen externen Partner, der die Artikel an die Kunden versendet und nach dem Verleih auf den Zustand überprüft.

Obwohl die Automatisierung dieses Geschäftsmodells durch Mitarbeiter oder ein Versandhaus möglich ist, gibt es noch eine einfachere Möglichkeit für passives Einkommen durch einen Online-Produktverleih - nämlich den Verleih von digitalen Produkten.

Dabei werden Medien wie E-Books, Magazine, Filme oder Musik den Nutzern für einen gewissen Zeitraum zur Verfügung gestellt. Damit die Kunden keine illegalen Kopien erstellen können, ist die Nutzung der Medien oft ausschließlich über eine spezielle Website oder App des Anbieters möglich, wo Einfluss auf die Sicherheit und den Zugriff genommen werden kann. Dieses Prinzip lässt sich einfach automatisieren und verspricht ohne jegliches Personal eine passive Einnahmequelle - wenn auch mit einiger Vorarbeit und dementsprechenden Kenntnissen.

STARTKAPITAL
SCHWIERIGKEIT
DAUER
KUNDEN
MARKETING
APP-STORE
PLAY-STORE
ONLINE-SHOP
APP
PRODUKT
MEDIEN
VERLEIH
PASSIVES EINKOMMEN

SB-Tankstellen

Der Service durch einen Tankwart war gestern - bei Selbstbedienungstankstellen erfreuen sich nicht nur Kunden über eine Zeitersparnis, sondern auch Betreiber über ein passives Einkommen.

Solche Tankanlagen sind komplett automatisiert und haben ohne Personal rund um die Uhr geöffnet, 365 Tage im Jahr. Dabei sind sie ganz einfach: Vor dem Tanken entscheidet man sich für eine Zahlungsmethode - diese sind meistens Bezahlung per Chip, Bargeld, Bankomat oder Gutschein - und kann anschließend für die gezahlte Summe bzw. in der Höhe des autorisierten Rahmens den Kraftstoff tanken. Falls gewünscht, kann man nach dem Tankvorgang noch die vom Automaten gedruckte Rechnung entnehmen.

Aus Kundensicht ist es also eine schnelle und einfache Alternative gegenüber normalen Tankstellen. Doch wie sieht dieses Geschäftsmodell aus unternehmerischer Sicht aus?

Nachdem eine geeignete Anlage gemietet, gekauft oder errichtet wurde, bleiben als Betreiber der Tankautomaten nicht viele Aufgaben übrig - man muss im Prinzip lediglich ein externes Unternehmen mit der verlässlichen Auffüllung und Wartung der Tankanlage beauftragen. Dieses kümmert sich selbständig um die regelmäßige Lieferung von Treibstoffen und um die Instandhaltung der Zapfsäulen. Außerdem wird auch die periodische Eichung der Messanlagen organisiert, nach der Gesetze in vielen Ländern verlangen.

Um den Aufwand vom Entleeren der Kassen zu reduzieren bzw. vollkommen zu beseitigen, könnte man ausschließlich Banknoten oder digitale Zahlungen am Tankautomaten akzeptieren.

Wie so oft bei lokalen Geschäftsmodellen spielt der Standort des Betriebes eine entscheidende Rolle für den Erfolg. Eine gründliche Analyse der Konkurrenz in der Nähe ist daher unerlässlich.

Für zusätzliche Einnahmen könnte man noch verschiedene Verkaufsautomaten platzieren - wie zum Beispiel für Getränke, Snacks und Autozubehör - oder eventuell sogar Waschanlagen und Staubsaugerplätze, wie bereits zuvor im Buch erwähnt.

STARTKAPITAL
SCHWIERIGKEIT
DAUER
KUNDEN
MARKETING
SUCHMASCHINEN
KARTENDIENST
TANKSTELLE
TANKAUTOMAT
WASCHBOXEN
STAUBSAUGER
WARENAUTOMAT
PASSIVES EINKOMMEN

Eigener Nischen-Blog

Ein Blog ist eine oft genutzte, aber zeitintensive Methode für Einkommen - das nur dann passiv ist, wenn man die Erstellung von Inhalten auslagert oder vorab ein großes Archiv an Artikeln aufbaut und davon langfristig profitiert.

Beginnen wir mit der wichtigsten Frage - von welchem Thema sollte der Blog überhaupt handeln? Da man sehr leicht einen eigenen Blog erstellen kann, nutzen dementsprechend viele Menschen auf der ganzen Welt diese Möglichkeit. Das ist mitunter der Grund, warum es Blogs im Internet wie Sand am Meer gibt. Man sollte deshalb das Thema, über das man schreibt, am besten an einer speziellen Nische oder Zielgruppe orientieren.

Es sollte einem auf jeden Fall auch Freude bereiten, über das ausgewählte Thema zu schreiben. Damit findet sich die eigene Begeisterung zum Thema in den Zeilen wieder - dies wird auch entsprechend von den Lesern wahrgenommen und zeichnet einen guten Blog aus. Es ist wie bei Unternehmen und Marken - wenn sie nur aus finanziellen Motiven betrieben werden, kann man diese Absichten selten vollständig vor den Kunden verbergen. Lebt und liebt man sein Produkt, so springt dieser Funken auch auf Kunden über und macht sie zu Stammkunden und Anhängern der Firma.

Aber das alleine ist noch keine Garantie für einen erfolgreichen Blog, es sind nur die Zutaten. Ob der Blog bei der Zielgruppe bekannt und auch gefunden wird, hängt von der Marketingstrategie und Suchmaschinenoptimierung (SEO) ab - und zudem natürlich auch vom Ehrgeiz und Durchhaltevermögen des Betreibers.

Wenn man es geschafft hat, einen Blog mit viel Content, regelmäßigen Besuchern und Fans aufzubauen, gibt es zahlreiche Möglichkeiten für Einkommen. So könnte man zum Beispiel eigene oder fremde Produkte bewerben, Werbeanzeigen einbinden oder gesponserte Inhalte posten.

Passiv sind diese Einnahmen allerdings nur bis zum Schreiben des nächsten Artikels - es sei denn, ein Mitarbeiter oder virtueller Assistent übernimmt diese Arbeit und sorgt für regelmäßige Inhalte.

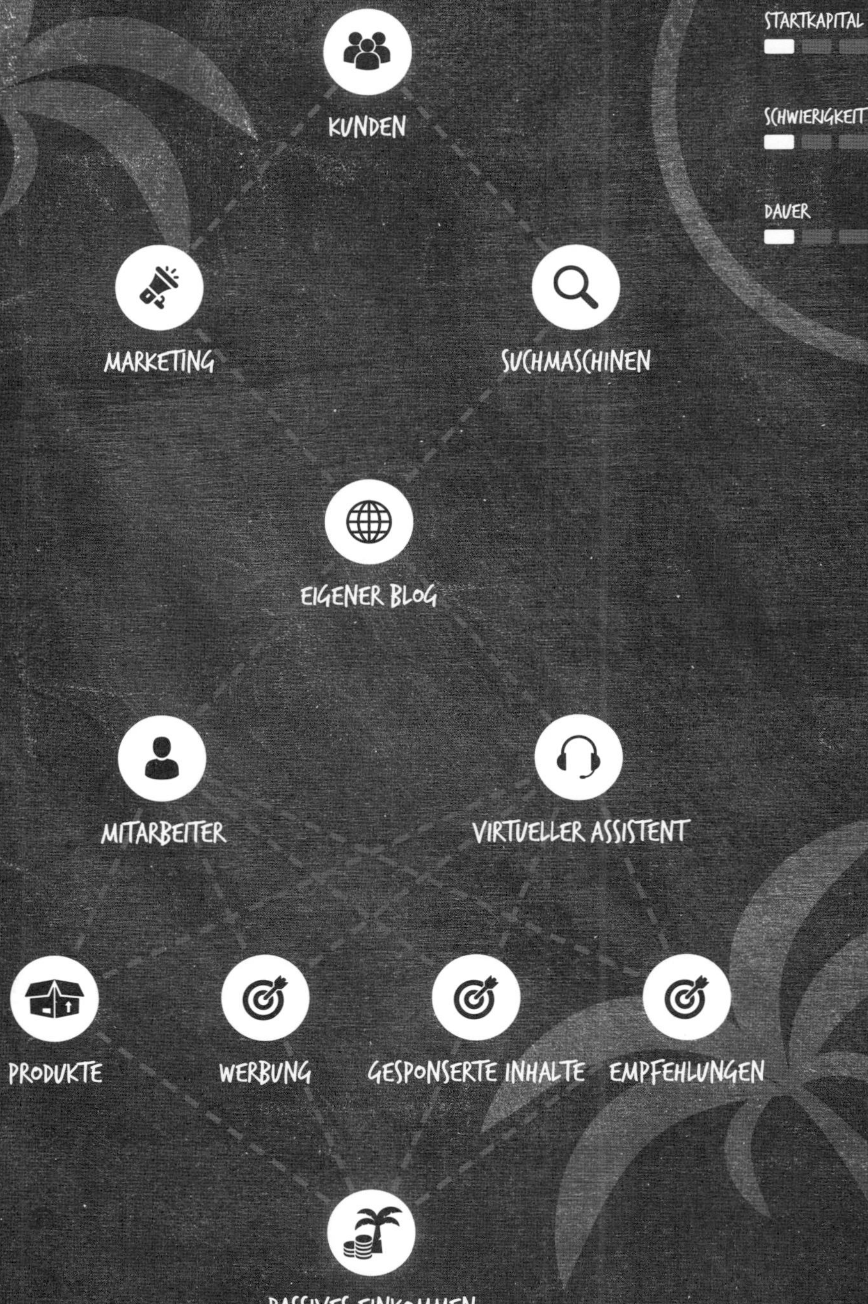
STARTKAPITAL
SCHWIERIGKEIT
DAUER
KUNDEN
MARKETING
SUCHMASCHINEN
EIGENER BLOG
MITARBEITER
VIRTUELLER ASSISTENT
PRODUKTE
WERBUNG
GESPONSERTE INHALTE
EMPFEHLUNGEN
PASSIVES EINKOMMEN

Vermietung von Nutztieren

Hast du schon einmal an die Vermietung von Nutztieren wie Hühner oder Schafe gedacht? Das haben wahrscheinlich die Wenigsten - aber auch hier gibt es Möglichkeiten für passives Einkommen.

Zuallererst - warum würde sich jemand ein Tier leihen und ist das nicht verwerflich? Mit wachsender Transparenz und erhöhter Aufmerksamkeit bei der Herkunft und Herstellung von Lebensmitteln widmen sich auch immer mehr Konsumenten dem eigenen Anbauen von Gemüse und Obst zu - oder sogar dem Halten von eigenen Nutztieren. So bringen zum Beispiel die eigenen Hühner täglich frische Eier, Kühe die hauseigene Milch oder Bienen den selbstgemachten Honig auf den Tisch.

Obwohl sich geschmacklich meist nicht allzu viele Unterschiede zu Produkten aus dem Handel feststellen lassen, ist es für viele Personen ein einzigartiges Erlebnis, den Frühstückstisch mit Produkten aus eigener Tierhaltung zu decken.

Die Miete von Nutztieren stellt dabei für viele einen einfachen Einstieg und Probelauf für die eigene Tierhaltung dar. Sei es für den Zweck tierische Produkte zu erhalten oder aber auch nur aus Liebe zum Tier. Dabei bauen die Tiere und deren Halter in gewisser Weise Beziehungen zueinander auf - zum Wohl des Tieres sollte man daher die Langzeitvermietung bevorzugen und vorerst oder regelmäßig prüfen, ob die Tiere beim Besitzer in guter Obhut sind. Bestenfalls kann man nach Ende des Mietvertrages vielleicht sogar ein dauerhaftes Zuhause für das Tier beim Mieter finden und so mit Gewinn verkaufen.

Weitere mögliche Tiere, die für dieses Geschäftsmodell in Erwägung gezogen werden können, sind Ziegen, Esel, Alpakas, Lamas, Schweine, Kaninchen oder Gänse. Schafe sind übrigens eine hervorragende Alternative zum ständigen Rasenmähen - ein zusätzliches Argument, diesen wolligen Freunden ein Zuhause zu gewähren. Um mit der Vermietung von (Nutz-)Tieren zu starten, muss man nicht unbedingt einen eigenen Zoo besitzen, sondern könnte einfach mit regionalen Bauernhöfen oder Tierheimen zusammenarbeiten und die Tiere mit Provision vermitteln.

STARTKAPITAL
SCHWIERIGKEIT
DAUER
KUNDEN
MARKETING
SUCHMASCHINEN
ONLINE-MARKTPLÄTZE
HÜHNER
BIENEN
SCHAFE
KÜHE
ABHOLUNG
VIEHTRANSPORT
VERWALTUNG
VERMIETUNG
PASSIVES EINKOMMEN

Eigene White-Label-Produkte

Drehen wir den Spieß einmal um - warum nicht als Hersteller von Waren auftreten und die Produktion für andere Unternehmen anbieten? White-Label-Produkte dienen als scheinbares Produkt eines anderen Unternehmens, das unter deren eigenen Marke verkauft wird - während es aber von einem externen Hersteller produziert und nur entsprechend etikettiert wird.

Ein beliebtes Beispiel dafür sind Nahrungsergänzungsmittel. White-Label-Hersteller bieten in diesem Bereich verschiedene Pulver mit fertiger Rezeptur in diversen Geschmacksrichtungen an, die für den jeweiligen Kunden abgefüllt und mit deren eigenen Etikett (Label) versehen werden.

Auf diese Weise kann der Hersteller seine Produkte an beliebig viele verschiedene Geschäftskunden verkaufen, ohne immer an neuen Rezepturen arbeiten oder selbst einen Vertrieb aufbauen zu müssen. Der Geschäftskunde kann hingegen kostengünstig Produkte unter einer Eigenmarke anbieten, ohne sich um die Rezeptur, rechtliche Aspekte oder hohe Stückzahlen sorgen zu müssen. Weitere beliebte Beispiele sind Kosmetik- und Pflegeprodukte, Mode, Accessoires, Schmuck, Uhren, Lebensmittel oder Elektronik. Produkte dieser Kategorien könntest du passenden Unternehmen als White-Label-Anbieter verkaufen - dabei musst du auch nicht selber produzieren, sondern fungierst als Bindeglied zwischen Hersteller und Kunde, der von deiner Expertise und deinem Sortiment profitiert.

Da man so in gewisser Weise nur ein Vermittler ist, ergeben sich viele Möglichkeiten für passives Einkommen. Man könnte beispielsweise Nahrungsergänzungsmittel an Fitnessstudios mit deren eigenem Logo verkaufen, Schmuck unter dem Namen einer Hotelkette produzieren lassen oder eine eigene Marke mit Gadgets an Elektronikhändler anbieten. Für noch größere Chancen auf langfristiges Einkommen könnte man auch ein komplett neues Produkt entwickeln und herstellen lassen. Nach dem Patentieren der Idee bietet man den Artikel als White-Label-Hersteller an.

Hier profitiert man nicht nur von einem großen Alleinstellungsmerkmal, sondern hat auch die Chance auf einen weltweiten Erfolg.

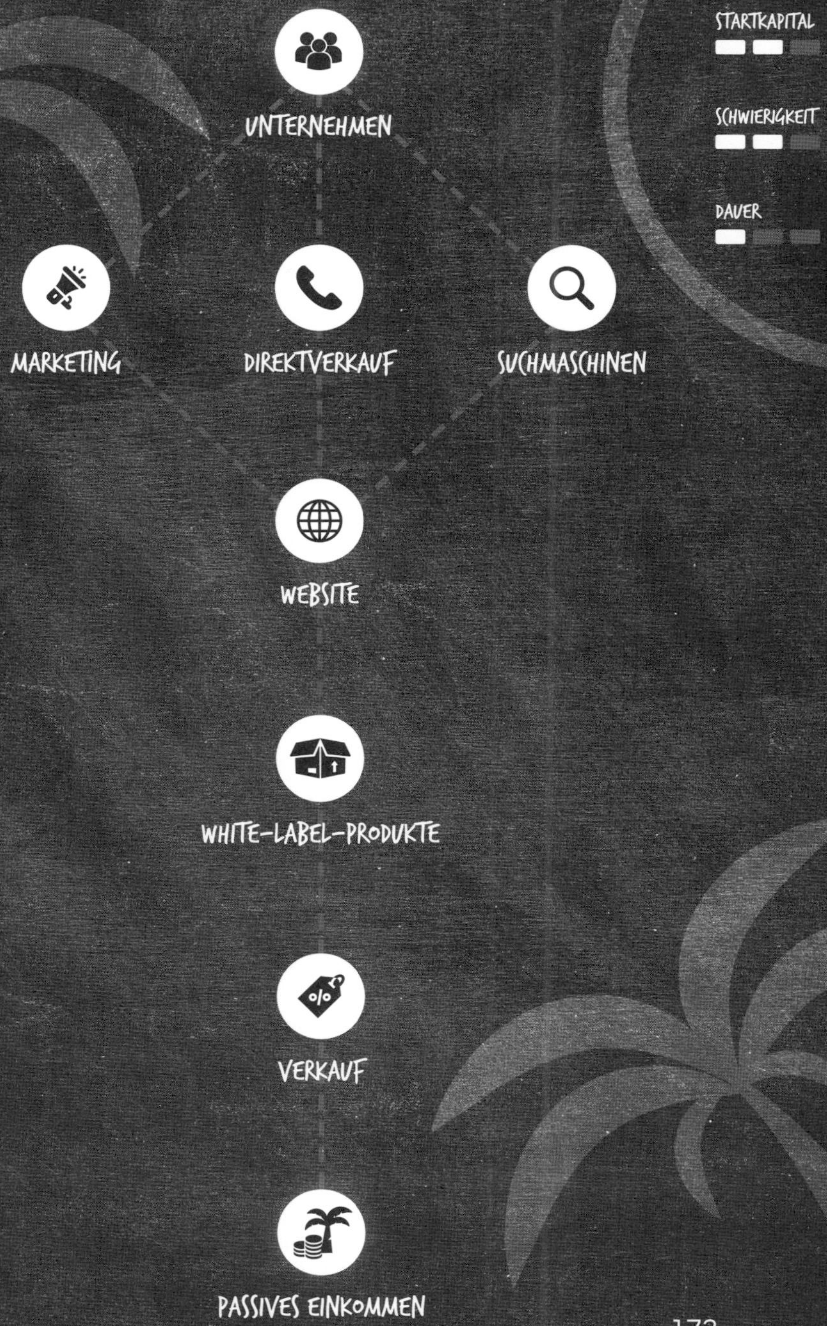
STARTKAPITAL
SCHWIERIGKEIT
DAUER
UNTERNEHMEN
MARKETING
DIREKTVERKAUF
SUCHMASCHINEN
WEBSITE
WHITE-LABEL-PRODUKTE
VERKAUF
PASSIVES EINKOMMEN

Schriftarten verkaufen

Grafiker und Webdesigner kennen sie, die Suche nach der perfekten Schrift. Oft braucht es für ein gutes Corporate Design und Branding einfach etwas mehr als die kostenlosen Standard-Schriftarten - deshalb sind in diesem Bereich Grafik-Marktplätze und Websites für Schriften beliebt.

Bekannte Beispiele dafür sind DaFont, MyFonts, Font Awesome oder Font Squirrel. Auf solchen Plattformen können Designer ihre selbst erstellten Schriftarten zum Download anbieten - entweder komplett kostenlos gegen freiwillige Spenden, frei für den privaten Gebrauch oder nur gegen Bezahlung für den kommerziellen Einsatz.

Sobald man also erst einmal eine Schriftart entworfen, vektorisiert und entwickelt hat, kann man sie beliebig oft und auf vielen verschiedenen Marktplätzen auf der ganzen Welt zum Verkauf anbieten. Man könnte zudem eine eigene Website einrichten, auf der man Schriften für spezielle Anlässe oder Branchen anbietet. Als Schriftdesigner kann man auch gezielt mit Unternehmen in Kontakt treten und ihnen im Direktverkauf die Entwicklung einer eigenen Schrift als Teil ihrer Corporate Identity vorschlagen - also zugunsten einer unverwechselbaren Identität und dem Wiedererkennungswert bei Kunden.

Vor allem seit dem digitalen Wandel und den unzähligen Möglichkeiten des Marketings im Internet ist es heutzutage wichtig, den eigenen Betrieb in den Köpfen der Kunden zu verankern und so nachhaltig am Markt zu positionieren - diese Mission unterstützen firmeneigene Schriftarten auf jeden Fall. Mit diesen Verkaufsargumenten im Gepäck hat man gute Chancen, Unternehmen vom Kauf zu überzeugen und damit viele Kunden zu finden.

Um diese Vertriebsmethode zu automatisieren, könnte man vorab diverse Schriften entwickeln und auf der eigenen Website anbieten. Anschließend wirbt man Unternehmen auf klassischen B2B-Kanälen oder im Direktverkauf und weist darauf hin, dass jede Schrift nur einmalig und exklusiv an ein Unternehmen verkauft wird. Dementsprechend werden im Online-Shop die Artikel nach dem ersten Kauf automatisch als vergeben bzw. verkauft markiert.

STARTKAPITAL
SCHWIERIGKEIT
DAUER
KUNDEN
MARKETING
SUCHMASCHINEN
DIREKTVERTRIEB
EIGENE WEBSITE
GRAFIK-MARKTPLÄTZE
A
SCHRIFTEN
A
EXKLUSIV-SCHRIFTEN
KAUF
MITGLIEDSCHAFT
%
PROVISION
PASSIVES EINKOMMEN

Fotoautomaten

Immer wieder beliebt auf Veranstaltungen oder öffentlichen Plätzen sind Fotokabinen und Fotoboxen. Gegen eine geringe Gebühr, die in den Automaten eingeworfen oder elektronisch bezahlt wird, werden in der Box spontane Erinnerungsbilder oder Pass- und Ausweisbilder aufgenommen. Bei den meisten Geräten werden diese anschließend sofort in verschiedenen Formaten gedruckt oder alternativ in hoher Auflösung digital bereitgestellt.

Auf öffentlichen Plätzen werden solche Fotoautomaten häufig und gerne von Touristen genutzt, um Andenken von ihrer Reise mitzunehmen. Binnen kurzer Zeit lässt sich ein Souvenir kreieren, das man an Freunde und Verwandte senden oder auch selbst behalten kann. Genauso beliebt sind die Geräte aber auch auf privaten und beruflichen Veranstaltungen, um Erinnerungen an einen besonderen Tag festzuhalten oder einfach nur um die Gäste zu unterhalten.

Als Zusatzprodukte gegen Aufpreis werden hier oft verschiedene Hintergründe oder Accessoires wie Masken und Perücken angeboten, die gerne für lustige Fotos verwendet werden. Beim Einsatz der Geräte im Tourismusbereich sind außerdem landesübliche Motive und Requisiten beliebt.

Für passives Einkommen könnte man zum Beispiel einen oder mehrere Fotoautomaten für besondere Anlässe wie Hochzeiten, Firmenfeiern, Junggesellenabschiede oder Events vermieten. Während man die Fotoboxen über die eigene Website online mieten kann, kümmert sich ein Mitarbeiter oder externes Unternehmen um die Lieferung, den Aufbau, die Abholung und Wartung der Geräte.

Eine andere Option ist die Platzierung auf öffentlichen Plätzen oder in öffentlichen Gebäuden. Das können beispielsweise zentrale Plätze wie Bahnhöfe, Flughäfen, Ausflugsziele oder andere Tourismus-Hotspots sein.

Zwar ist diese Art der Platzierung mit mehr Vorarbeit durch Genehmigungen verbunden, bietet aber mehr Aussichten auf ein langfristiges, passives Einkommen - zumindest wenn die Entleerung der Kassen und die Wartung an externe Partner ausgelagert wird.

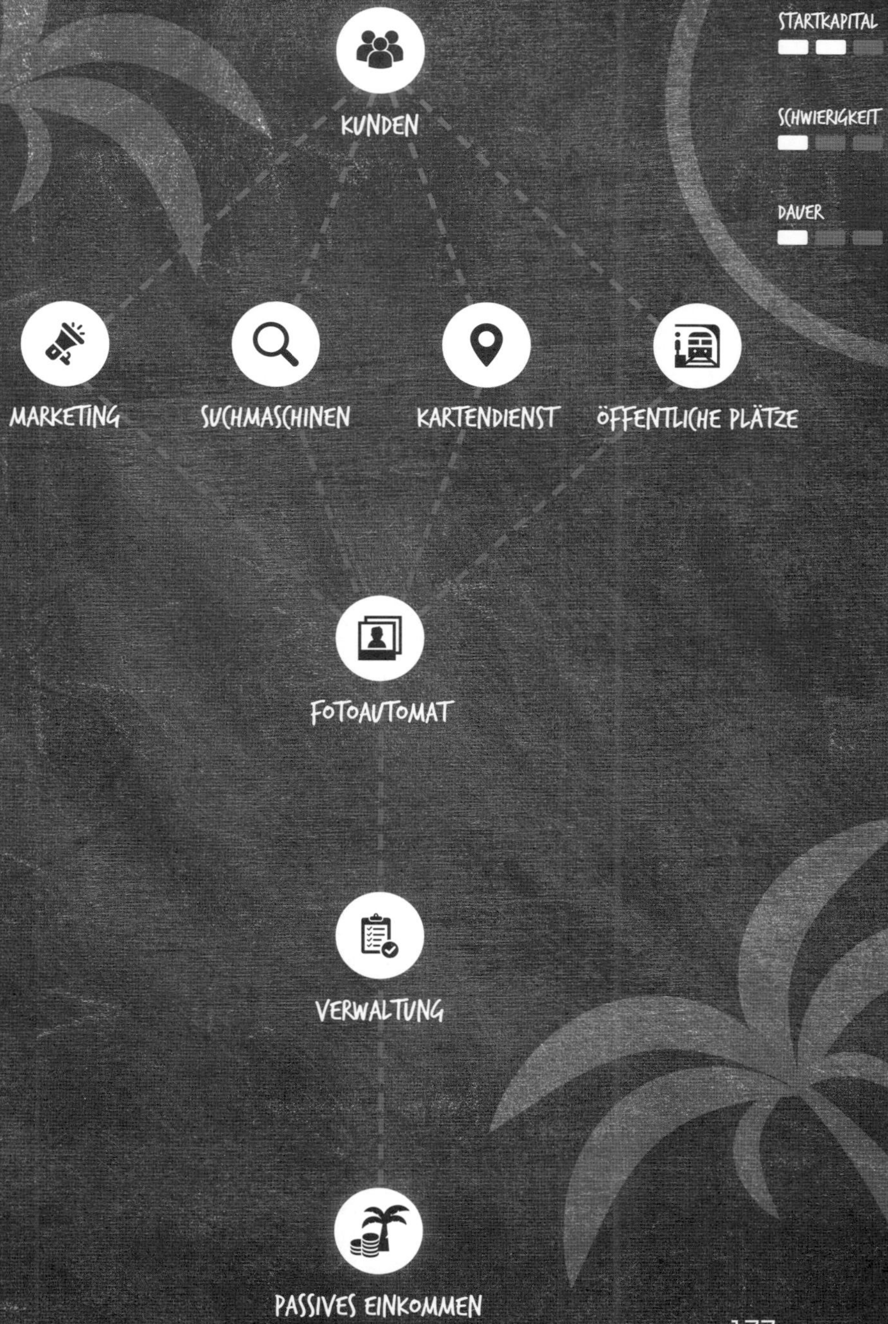
STARTKAPITAL
SCHWIERIGKEIT
DAUER
KUNDEN
MARKETING
SUCHMASCHINEN
KARTENDIENST
ÖFFENTLICHE PLÄTZE
FOTOAUTOMAT
VERWALTUNG
PASSIVES EINKOMMEN

Handgemachte oder personalisierte Produkte

Speziell für sehr persönliche Geschenke und Anlässe suchen Kunden oft nach individuellen Produkten und Einzelstücken - sie vermitteln dem Gegenüber in vielen Fällen mehr Wertschätzung und Sympathie als der Kauf eines normalen Produktes. Dabei unterscheidet man zwischen zwei Kategorien bzw. Herstellungsarten: Handgemachte Produkte und personalisierte Produkte.

Erstere können zum Beispiel Accessoires, Bekleidung oder Dekoartikel sein und werden ausschließlich oder großteils von Hand gefertigt. Ein Beispiel dafür wären handgestrickte Wintermützen oder Lebensmittel, die (teilweise) in Handarbeit produziert werden.

Personalisierte Produkte können hingegen beispielsweise gravierte Halsketten, Ringe, Uhren oder Armbänder sein. Hier handelt es sich also nur um die Personalisierung von bestehenden, meist maschinell gefertigten Produkten. Neben Motiven sind vor allem Schriftzüge bei Gravuren beliebt, die etwa mit einem Datum an ein spezielles Ereignis erinnern oder ein Zitat mit persönlichem Bezug wiedergeben.

Beliebte Online-Marktplätze für das Kaufen und Verkaufen von handgemachten oder personalisierten Produkten sind zum Beispiel Etsy oder Amazon Handmade. Solche Plattformen ermöglichen Verkäufern internationale Chancen für den Vertrieb der eigenen Produkte und bieten damit Möglichkeiten für passives Einkommen.

Eine weitere Option für den Vertrieb wäre ein eigener Online-Shop für handgemachte und personalisierte Artikel, bestenfalls in einer bestimmten Produktkategorie oder Nische.

Um dieses Geschäftsmodell passiv zu betreiben, kann man die Produkte von angestellten oder selbständigen Mitarbeitern bzw. einer externen Firma herstellen, gegebenenfalls personalisieren und versenden lassen. Als Tipp: Betriebe mit behinderten oder eingeschränkten Personen bieten oft die Produktion von handgemachten und personalisierten Artikeln an - das verleiht den Produkten eine soziale Komponente und man fördert zugleich Arbeitsplätze in integrativen Betrieben.

STARTKAPITAL
SCHWIERIGKEIT
DAUER
KUNDEN
MARKETING
GESPONSERTE PLATZIERUNGEN
ONLINE-SHOP
AMAZON HANDMADE
ETSY
HANDGEMACHTE PRODUKTE
PERSONALISIERTE PRODUKTE
INTEGRATIVER BETRIEB
HERSTELLER
MITARBEITER
PASSIVES EINKOMMEN

Autohandel

Egal ob neu oder gebraucht - Autos sind immer gefragt. Durch den digitalen Wandel hat sich auch der Kauf und Verkauf von Autos mehr in das Internet verlagert - sehr bekannte Beispiele dafür sind die Online-Fahrzeugmärkte Mobile.de und AutoScout24.

Dieser Umschwung hat nicht nur den Käufern die Suche nach den gewünschten Fahrzeugen erleichtert, sondern bietet auch Autohändlern und Privatpersonen seither grenzüberschreitende und internationale Verkaufsmöglichkeiten.

Bietet man ein Auto also zum Verkauf auf mehreren Fahrzeugmärkten im Internet an, findet man in den meisten Fällen auch ohne Werbung bald einen passenden Käufer. Und sollte sich einmal kein Abnehmer für das jeweilige Fahrzeug finden lassen, können immer noch gezielte Werbeanzeigen beim Verkauf helfen.

Auch der Handel mit Fahrzeugen lässt sich automatisieren und lockt mit unterschiedlichen Möglichkeiten für Einkünfte ohne Aufwand. Wenn ein Mitarbeiter oder Verkäufer auf Provisionsbasis den Kaufvertrag, die Übergabe und das Anbieten neuer Fahrzeuge erledigt, kann man durchaus von einem passiven Einkommen sprechen.

Zusätzlich kann man mit einer eigenen Werkstatt, einem Shop für Zubehör und Leihwagen weitere Einnahmequellen für das eigene Autohaus schaffen. Falls man sich mit dem Handel auf spezielle Fahrzeuge - wie Muscle Cars oder Sportwagen - fokussiert, könnte man diese zudem parallel zur Miete anbieten. Entweder als zusätzliches Geschäftsmodell oder nur so lange, bis sich ein Käufer für das jeweilige Auto finden lässt. Auf einer dafür eingerichteten Website kann man das gewünschte Auto für eine Veranstaltung oder zum Vergnügen mieten, es nach Hinterlegen einer Kaution vor Ort beim Autohaus abholen und anschließend wieder zurückbringen.

Falls man keine großen Mengen an Geld in eigene Fahrzeuge und ein eigenes Autohaus investieren will, kann man auch anderen Händlern und Privatpersonen die Vermittlung gegen eine Provision vorschlagen und setzt dabei wieder auf automatisierte Marketing-Tools und Online-Marktplätze.

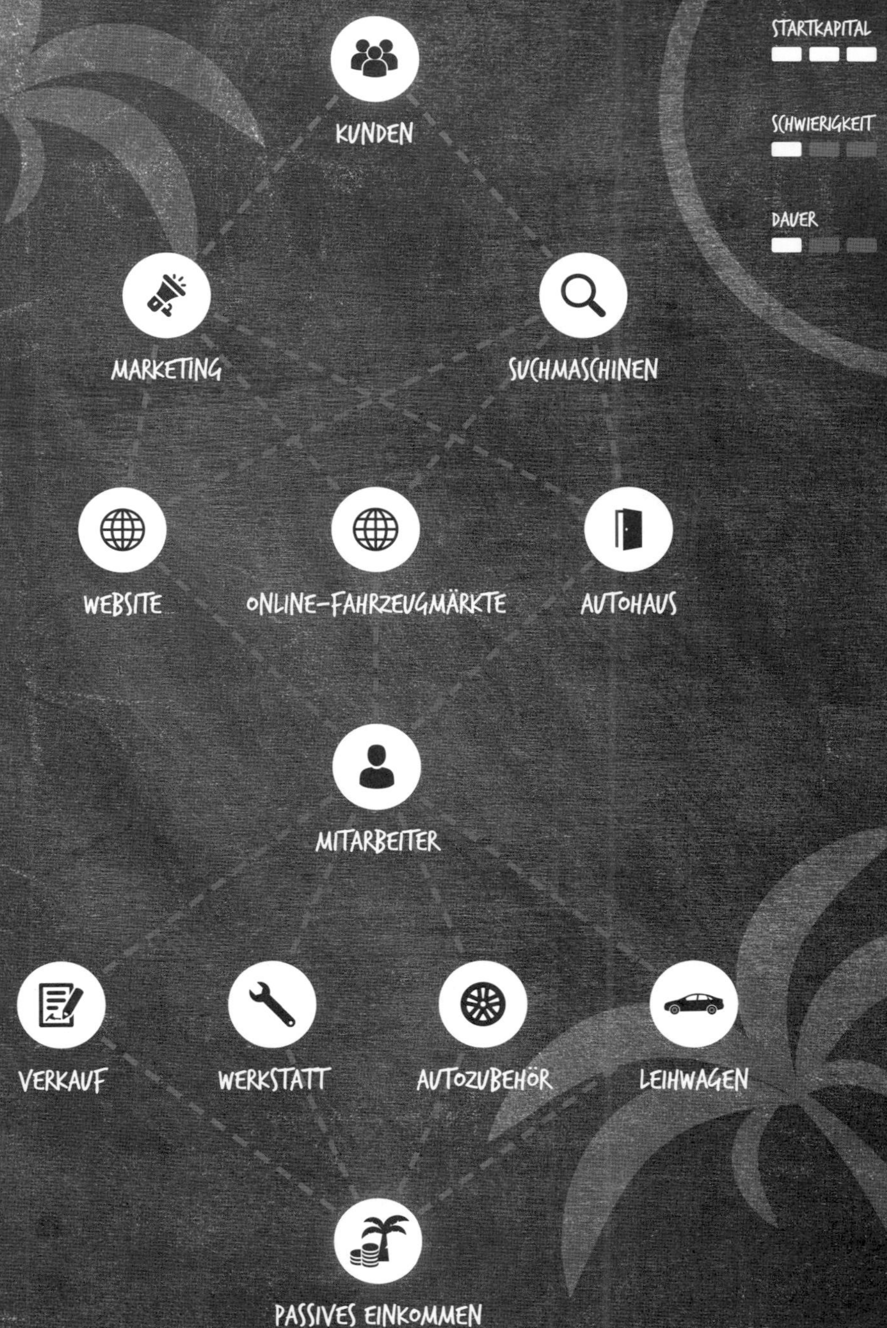
STARTKAPITAL
SCHWIERIGKEIT
DAUER
KUNDEN
MARKETING
SUCHMASCHINEN
WEBSITE
ONLINE-FAHRZEUGMÄRKTE
AUTOHAUS
MITARBEITER
VERKAUF
WERKSTATT
AUTOZUBEHÖR
LEIHWAGEN
PASSIVES EINKOMMEN

E-Mail-Adressen vermieten

Auch E-Mail-Adressen kann man vermieten und damit passives Einkommen erzielen - aus datenschutzrechtlicher Sicht ist hier allerdings Vorsicht geboten.

Voraussetzung für diese Idee ist eine bestehende Newsletter-Datenbank, die beispielsweise durch eine Website, einem Online-Shop, einem Forum, einer App oder bei Gewinnspielen aufgebaut wurde.

Wer die Adressen zu einem bestimmten Thema oder einer speziellen Branche gesammelt hat, kann dies als zusätzliches Verkaufsargument bei der Vermietung nutzen - interessenbasierte Datenbanken ermöglichen nämlich eine gezieltere Werbung und stellen damit höhere Erfolgschancen für Werbetreibende in Aussicht.

Ein konkretes Beispiel wäre die Vermietung von E-Mail-Adressen, die durch Reisegewinnspiele erhoben wurden - aufgrund dem Interesse von Kunden an Urlaub ist hier Werbung für Reiseunternehmen besonders effektiv. Daher kann die Nutzung der Datenbank zu einem dementsprechend höheren Preis angeboten werden.

Wichtig ist auf jeden Fall, dass die Kunden dem Erhalt des Newsletters, der Nutzung ihrer Daten und gegebenenfalls der Weitergabe an Dritte zugestimmt haben. Gerade Letzteres ist oft aufgrund der Datenschutzgesetze und des möglichen Missbrauchs bedenklich bzw. verboten, daher verkaufen oder vermieten viele Anbieter ihre E-Mail-Adressen nicht, sondern bieten den Versand eines Newsletters mit den Inhalten und dem Design der Kunden an.

Auf diese Weise werden keine Kundendaten weitergegeben und man ist in Sachen Datenschutz auf der sicheren Seite. Den Service kann man auf einer eigenen Website oder im Direktvertrieb an Unternehmen anbieten, ein Mitarbeiter oder virtueller Assistent kümmert sich schließlich um die Erstellung und Abwicklung der Newsletter für die Kunden. Falls eine externe Hilfe beauftragt wird, muss der Kunde der Datenverarbeitung durch diese Beteiligten zugestimmt haben - oder die Daten werden für externe Partner im System ausgeblendet, während die Erstellung und der Versand von Newsletter aber noch möglich sind.

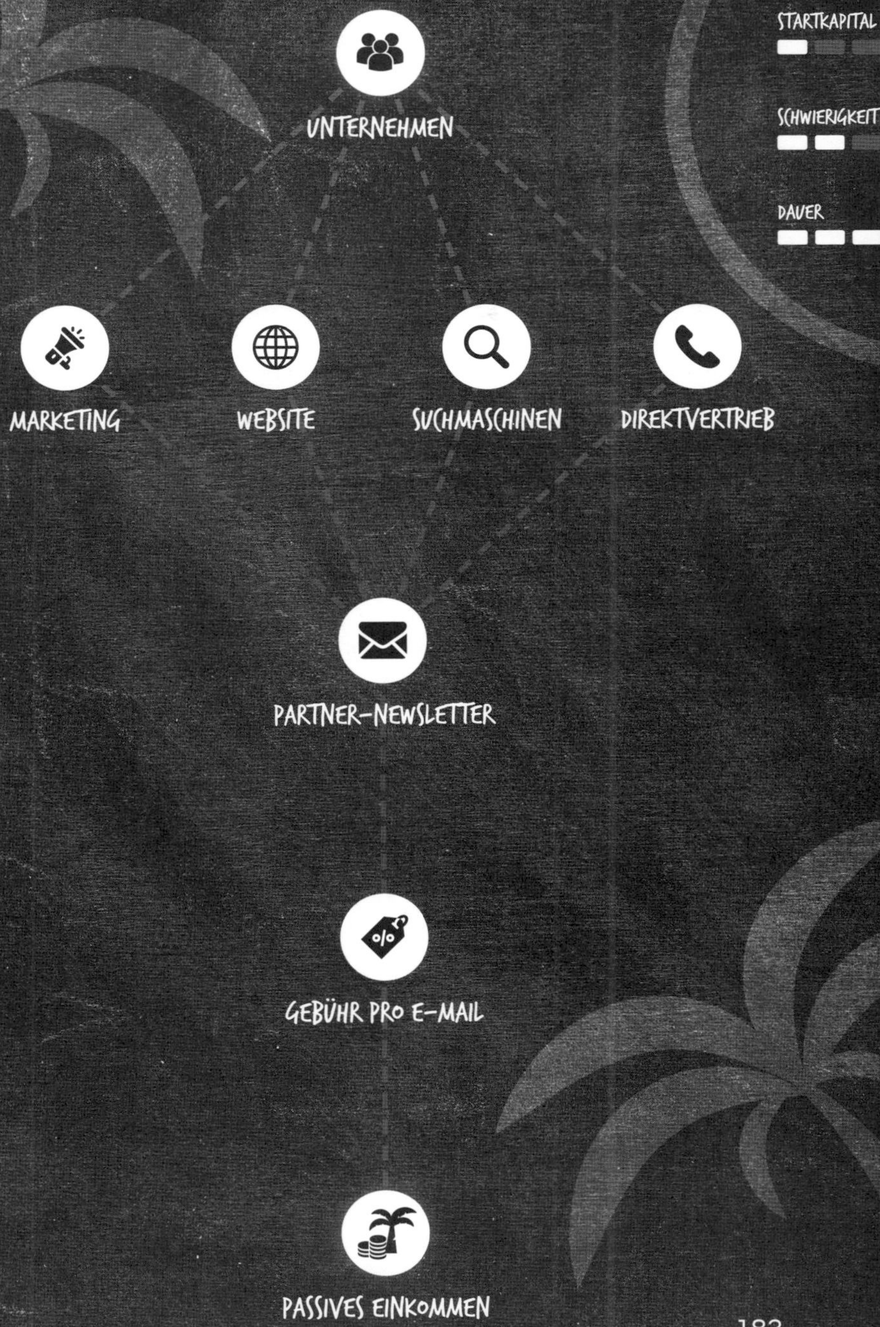
STARTKAPITAL
SCHWIERIGKEIT
DAUER
UNTERNEHMEN
MARKETING
WEBSITE
SUCHMASCHINEN
DIREKTVERTRIEB
PARTNER-NEWSLETTER
GEBÜHR PRO E-MAIL
PASSIVES EINKOMMEN

Bestehendes Unternehmen kaufen

Eine Firma kaufen - das klingt doch schon richtig teuer, oder nicht? Das muss es aber nicht immer sein. Vor allem bei kleinen Unternehmen oder Betrieben, die schnell einen Nachfolger finden wollen, kann eine Übernahme auch vergleichsweise günstig ausfallen.

Es gibt viele verschiedene Websites im Internet, wo Firmen zum Kauf angeboten werden. So gibt es zum Beispiel Nachfolgebörsen, die Interessenten aus der Umgebung an regionale Unternehmen vermitteln - oder auch internationale Plattformen, wie etwa der Shopify Exchange Marketplace, die sich auf den Kauf und Verkauf von E-Commerce-Unternehmen fokussieren.

Diese sind oft Online-Shops mit wenig oder gar keinem Inventar (Dropshipping), die leicht und unabhängig vom Standort von anderen Personen übernommen werden können. Angebote für solche Online-Shops findet man im Internet oft bereits im drei- oder vierstelligen Bereich. Durch die leichte Automatisierung ergeben sich bei der Übernahme eines solchen Unternehmens viele Möglichkeiten für passives Einkommen.

Weitere bekannte Plattformen für den Unternehmenskauf sind zum Beispiel BizBuySell oder Flippa. Hier findet man noch mehr Möglichkeiten, wie zum Beispiel den Kauf von Franchise-Unternehmen, Start-ups oder Apps.

Der Vorteil beim Kauf eines bestehenden Unternehmens ist offensichtlich: Man nimmt eine Abkürzung - vorbei am mühseligen Aufbau eines komplett neuen Geschäftes und kann direkt mit bestehenden Kunden, Produkten und Marketing-Strategien durchstarten.

Vor dem Kauf sollte man schon überlegen, wie und ob sich das Unternehmen automatisieren lassen könnte - somit kann man es nach dem Kauf schnell zu einer passiven Einnahmequelle umfunktionieren. Zudem ist eine gründliche Prüfung des Geschäftskonzeptes zu empfehlen, zum Beispiel durch eine SWOT-Analyse. Dabei werden die Stärken, Schwächen, Chancen und Risiken des Unternehmens gegenübergestellt und - in diesem Falle hinsichtlich eines Kaufs und einer passiven Einnahmequelle - bewertet.

STARTKAPITAL
SCHWIERIGKEIT
DAUER
KUNDEN
MARKETING
SUCHMASCHINEN
BESTANDSKUNDEN
BESTEHENDES UNTERNEHMEN
PRODUKT
DIENSTLEISTUNG
FULFILLMENT-PARTNER
PASSIVES EINKOMMEN

Locations vermieten

Egal ob für geschäftliche Zwecke wie Seminare, Tagungen, Konferenzen und Schulungen oder private Anlässe wie Geburtstage, Hochzeiten und Feiern - Locations für Veranstaltungen sind immer gefragt und bieten Möglichkeiten für passives Einkommen.

Voraussetzung für die Vermietung ist der Besitz oder Kauf von geeigneten Räumlichkeiten, die man für den vorgesehenen Zweck komplett ausstattet. Solche Ausstattungen könnten für geschäftliche Angelegenheiten beispielsweise Beamer, Leinwand, Flipchart, Whiteboard, Internetanschlüsse und drahtlose Netzwerke beinhalten. Für feierliche Anlässe wären hingegen Lichtanlagen, Soundsysteme und eine Bühne von Interesse. Die Ausstattungen müssen natürlich nicht im Preis inkludiert sein, sondern können dem Zusatzverkauf dienen - sowie auch eine optionale Verpflegung der Gäste.

Aber auch wer keine geeignete Immobilie besitzt bzw. kaufen oder finanzieren will, kann zum Beispiel eine Langzeitmiete für einen Raum vereinbaren, den man zur Untervermietung nutzt. Außerdem könnte man anderen Anbietern die Vermittlung ihrer Locations gegen eine Provision vorschlagen und so ohne großes Startkapital mit dieser Idee beginnen.

Reservieren kann man die Locations auf der eigenen Website, die vollständig automatisiert wird und die Buchung an einen Mitarbeiter oder eine externe Firma zur Abwicklung weiterleitet. Im Idealfall können Interessenten die gewünschten Zusatzausstattungen gleich online über einen Konfigurator auswählen und den aufgelisteten Gesamtpreis für ihre Reservierung im gewünschten Zeitraum einsehen und bequem bezahlen.

Gegebenenfalls lässt sich die Vermietung sogar mithilfe von modernen Hilfsmitteln wie elektromechanischen Türschlössern komplett ohne Personal, ausgenommen einer Reinigungskraft, betreiben. Diese Geräte - Smart Locks genannt - sperren und entsperren den Zugang zum Raum drahtlos. Durch eine Schnittstelle mit der Website oder dem Herunterladen einer App kann man den Kunden auf diese Weise den zeitlich begrenzten Zugang zu den gebuchten Räumlichkeiten gewähren.

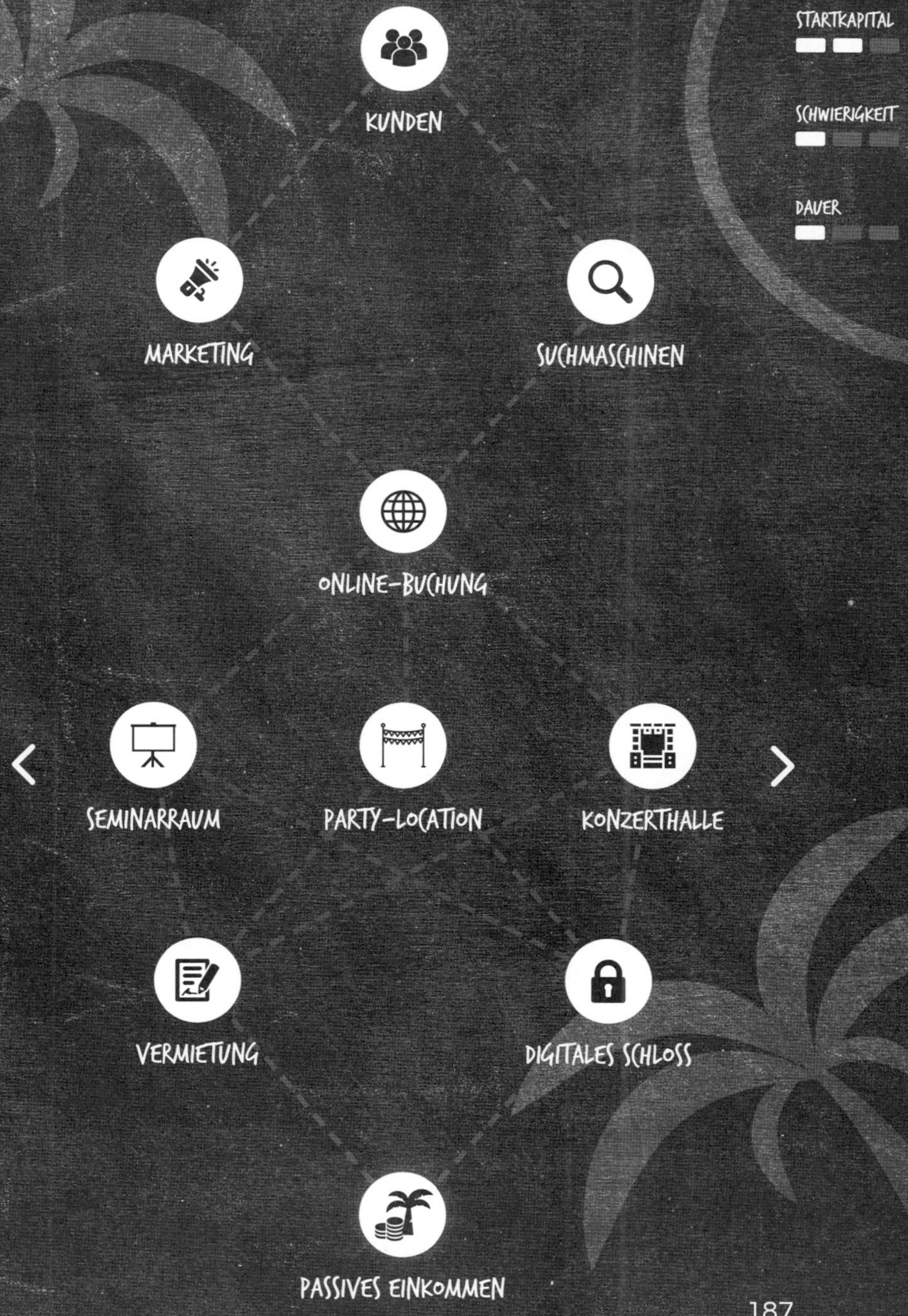
STARTKAPITAL
SCHWIERIGKEIT
DAUER
KUNDEN
MARKETING
SUCHMASCHINEN
ONLINE-BUCHUNG
SEMINARRAUM
PARTY-LOCATION
KONZERTHALLE
VERMIETUNG
DIGITALES SCHLOSS
PASSIVES EINKOMMEN

Eigener Online-Marktplatz für Gebrauchtes

Ob im Internet oder via App - Marktplätze für gebrauchte Produkte sind sehr beliebt. Einerseits lohnen sie sich für Verkäufer, da sie ungebrauchte Artikel schnell zu Geld machen können und andererseits für Käufer, da sie sich an einer Ersparnis gegenüber dem Neupreis erfreuen können. Wer aber hier am meisten profitiert, ist der Betreiber des jeweiligen Portals.

Beliebt sind die Marktplätze heutzutage vor allem als App für unterwegs, aber auch der Betrieb über eine Website kann durchaus erfolgreich sein - vor allem bei einer älteren Zielgruppe.

Sollte man den Aufbau einer eigenen Plattform in Erwägung ziehen, empfiehlt sich aufgrund der großen Konkurrenz in diesem Gebiet die Eingrenzung auf eine spezielle Branche oder Produktkategorie - es sei denn, man entwickelt ein völlig neues Erlebnis oder Konzept, das viele Vorteile für Kunden und damit überzeugende Argumente im Kampf gegen die dominanten Unternehmen am Markt mitbringt.

Man könnte zum Beispiel einen eigenen Online-Marktplatz aufbauen, der sich ausschließlich mit Sportarten und Hobbys beschäftigt - oder ihn noch spezifischer ausrichten und sich beispielsweise nur auf gebrauchte Golfausrüstung und -zubehör fokussieren.

Damit könnte man auf viel Zuspruch bei der Zielgruppe stoßen, da den Kunden genau das Produktsortiment geboten wird, das deren Interesse entspricht. Ein anderes Beispiel wäre eine Plattform für gebrauchte Sportwagen und Cabrios in Europa - auch hier bietet die Ausrichtung auf einen speziellen Bereich gezieltere Möglichkeiten bei Werbestrategien und mehr Aussichten auf Erfolg.

Sobald sich genügend Nutzer auf der Plattform eingefunden haben und sie durch deren Inhalte automatisch am Laufen gehalten wird, kann man mit Zusatzverkäufen wie Upgrades oder Premium-Funktionen ein passives Einkommen erzielen.

Beispiele dafür sind die bessere Sichtbarkeit der eigenen Produkte oder die Ausblendung von Werbeanzeigen - idealerweise als Mitgliedschaft gegen eine monatliche Gebühr.

STARTKAPITAL

SCHWIERIGKEIT

DAUER

Podcast starten

Neben Hörbüchern sind auch Podcasts sehr beliebt. Diese differenzieren sich darin, dass sie nicht aus einem einzelnen Werk bestehen, sondern aus mehreren, abonnierbaren Audio- oder Video-Dateien.

Die Medien werden in regelmäßigen Abständen auf der eigenen Website, externen Plattformen oder Podcast-Programmen und -Apps veröffentlicht. Mit einem sogenannten RSS-Dienst, via E-Mail oder Push-Nachrichten kann man sich anschließend als Zuhörer bzw. Zuschauer benachrichtigen lassen und die neuesten Inhalte sofort streamen. Grundsätzlich ist das Betreiben eines eigenen Podcasts nicht passiv und erfordert das Erstellen von Inhalten in regelmäßigen Abständen.

Allerdings kann man viele Inhalte zu einem bestimmten Thema vorab produzieren und diese nach und nach veröffentlichen - so kann man Monate oder sogar Jahre von einem anfänglichen Aufwand profitieren. Zudem könnte man einen virtuellen Assistenten oder eine Agentur mit den fortlaufenden Veröffentlichungen beauftragen und könnte so die Vorgänge weiter automatisieren.

Im Idealfall übernimmt der jeweilige Partner sogar die Interaktion mit den Abonnenten und kümmert sich laufend um Werbeaktivitäten, damit neue Leute auf den Podcast aufmerksam werden.

Ein eigener Podcast öffnet viele Türen für passives Einkommen. Zum Beispiel könnte man mit klassischen Werbespots und gesponserten Inhalten relevante Produkte bewerben und damit Einnahmen erzielen. Oder man vertraut ganz auf die Community und setzt auf freiwillige Spenden der Zuhörer bzw. Zuschauer. Außerdem könnte man auch eigene Produkte und Dienstleistungen vermarkten oder durch ein Projekt auf der Plattform Patreon monatliche Zahlungen durch Unterstützer sammeln - dazu aber noch in Kürze mehr.

Da es zu fast jedem Thema bereits einen erfolgreichen Podcast gibt, sollte man auf jeden Fall an einem Alleinstellungsmerkmal arbeiten und der Zielgruppe einen Mehrwert gegenüber der Konkurrenz bieten. Dabei hilft das Analysieren von erfolgreichen Podcasts und Bedürfnissen der Zielgruppe.

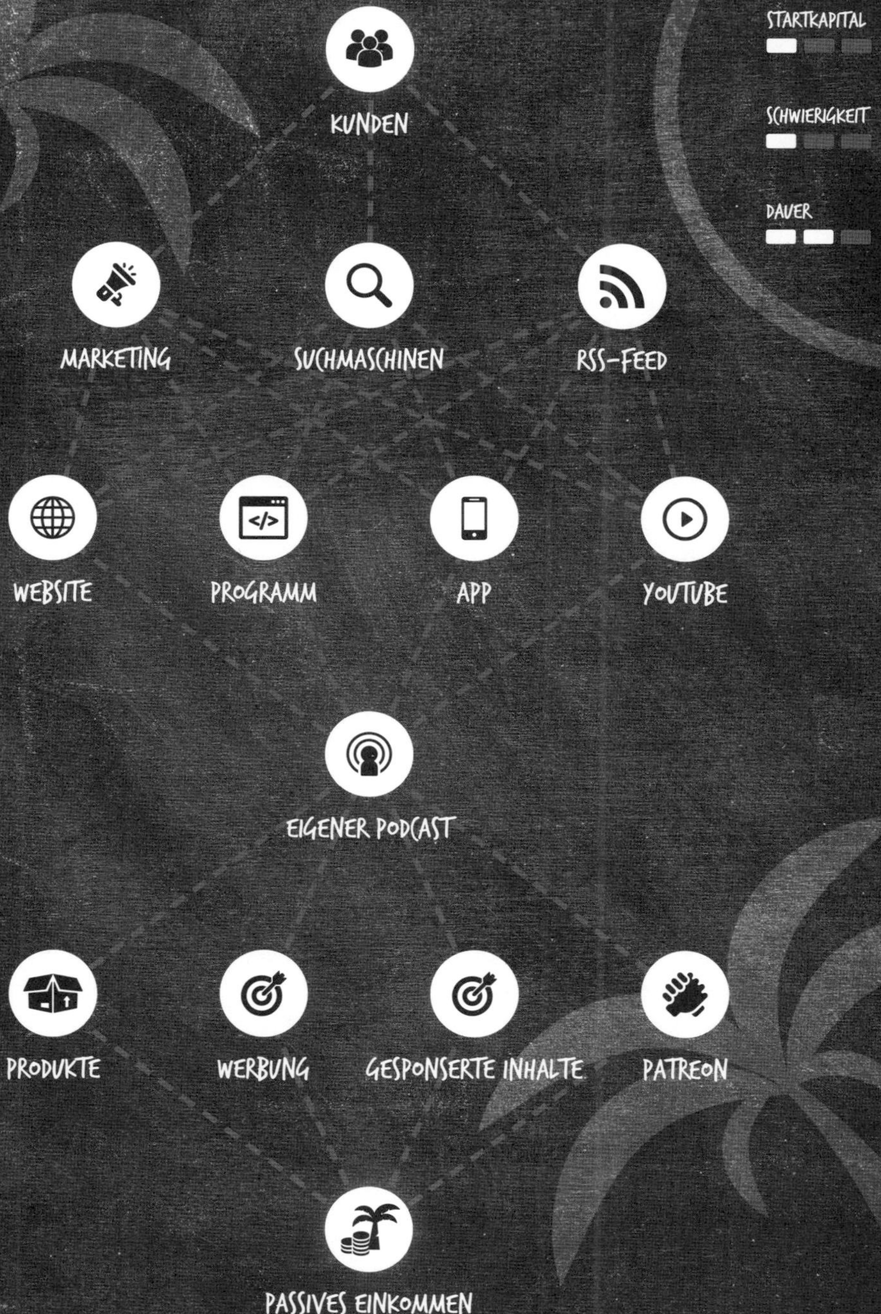
STARTKAPITAL
SCHWIERIGKEIT
DAUER
KUNDEN
MARKETING
SUCHMASCHINEN
RSS-FEED
WEBSITE
PROGRAMM
APP
YOUTUBE
EIGENER PODCAST
PRODUKTE
WERBUNG
GESPONSERTE INHALTE
PATREON
PASSIVES EINKOMMEN

Landwirtschaftliche Nutzfläche vermieten

Gerade in Städten und dicht besiedelten Orten haben Menschen oft nicht die Möglichkeit, selber Gemüse, Kräuter oder Obst anzubauen - obwohl die eigene Ernte ein großer Wunsch mancher Bewohner wäre.

Eine gute Möglichkeit bieten hier Kleingärten bzw. Schrebergärten, wie sie oft auch genannt werden. Das sind eingezäunte bzw. abgegrenzte Parzellen auf einer Gartenanlage, die an Stadtbewohner oder Personen ohne Garten vermietet werden. Sie sind eine willkommene Abwechslung zum Stadtleben und ermöglichen den direkten Kontakt mit der Natur.

Für passives Einkommen könnte man neue Kleingärten eröffnen oder bei bestehenden Anlagen anfragen, ob sie an einer Vermittlung der Flächen gegen Provision interessiert sind. Alternativ kann man auch online der Zielgruppe einen eigenen Garten anbieten - Voraussetzung dafür ist der Besitz oder das Mieten einer geeigneten landwirtschaftlichen Nutzfläche. Diese wird in Parzellen unterteilt und online auf der eigenen Website angeboten. Gegen eine monatliche Gebühr wird die Fläche mit den gewünschten Pflanzen der Kunden angebaut, das Wachstum dokumentiert und die Ernte regelmäßig per Post zugesandt.

Auf diese Weise bekommt der Kunde seinen gemieteten Garten zwar nie zu Gesicht, kann aber trotzdem das eigene Obst oder Gemüse genießen. Ein Online-Garten sozusagen. Optional könnte man natürlich auch eine Besichtigung und Ernte des eigenen Gartens für die Kunden als Zusatzleistung gegen einen Aufpreis anbieten. Außerdem könnte man Werbeanzeigen oder gesponserte Inhalte auf der Website einbinden, die im Direktverkauf an passende Unternehmen vermittelt werden - idealerweise im Zuge einer langfristigen Kooperation und Zusammenarbeit.

Um dieses Geschäftsmodell passiv zu betreiben, kann man Mitarbeiter und externe Landwirte mit der Betreuung der Ackerflächen und dem regelmäßigen Versand der Ernte beauftragen. Im Idealfall koordinieren diese auch die Website bzw. den Online-Shop und die gesamte Kommunikation mit den Kunden.

STARTKAPITAL

SCHWIERIGKEIT

DAUER

Merchandise verkaufen

Merchandise-Artikel sind immer gerne gesehen - sowohl bei Kunden, als auch bei Unternehmen. Ähnlich wie Werbeartikel werden Produkte im Design oder mit Motiven des jeweiligen Unternehmens produziert - allerdings nicht ausschließlich mit der Absicht auf Werbung, sondern dem Erzielen von Umsatz und damit dem Schaffen einer zusätzlichen Einnahmequelle.

Für Merchandising benötigt es ein Unternehmen, eine Marke, eine Person oder einen Verein, mit dessen Werte sich die Kunden identifizieren können und so schließlich zu Anhängern und Fans werden.

Eine grundlegende Voraussetzung für den erfolgreichen Verkauf von eigenen Merchandise-Artikeln ist also ein gewisser Bekanntheitsgrad und eine hohe Popularität bei den Kunden. Aufgrund dieser Voraussetzungen sind es oft Filme, Bands, DJs, Musiker, Serien, YouTube-Kanäle oder sehr bekannte Konzerne, die Merchandise herstellen lassen und erfolgreich an ihre Community vertreiben.

Aber auch wenn man keine entsprechende Popularität vorzuweisen hat, gibt es Möglichkeiten für passives Einkommen durch Merchandise-Artikel. Man könnte zum Beispiel im Internet nach Unternehmen suchen, die zwar eine treue Gefolgschaft aufweisen, aber noch keine entsprechenden Produkte für Fans verkaufen.

Als Merchandise-Anbieter könnte man solchen Betrieben die Herstellung und den Vertrieb eigener Artikel für zusätzliche Einnahmen empfehlen. In diesem Zuge wird um eine Lizenzvergabe und Produktionserlaubnis anfragt, um schließlich Artikel im Design bzw. mit Motiven des jeweiligen Unternehmens zu vertreiben. In diesem Szenario profitiert die beteiligte Firma von Lizenzgebühren und man selbst als Hersteller bzw. exklusiver Vertriebspartner vom Rest des Erlöses - eine Win-Win-Situation.

Damit dieses Geschäftsmodell passive Einnahmen erwirtschaftet, werden die Merchandise-Artikel nach der Produktion direkt in ein Fulfillment-Center gesendet, das in Kombination mit dem eigenen Online-Shop und digitalen Werbemaßnahmen einen automatisierten Verkauf garantiert.

STARTKAPITAL
SCHWIERIGKEIT
DAUER
KUNDEN
MARKETING
VERANSTALTUNGEN
FANS
ONLINE-SHOP
GESCHÄFT
BEKLEIDUNG
ACCESSOIRES
SCHMUCK
KÜCHENZUBEHÖR
FULFILLMENT-PARTNER
PASSIVES EINKOMMEN

Waschsalon betreiben

Obwohl viele Menschen eine eigene Waschmaschine besitzen, gibt es auch genügend Personen, die aufgrund einer fehlenden Waschmaschine im Haushalt einen Waschsalon zum Reinigen der Kleidung aufsuchen. Das sind oft Studenten, Familien mit kleinem Wohnraum oder Langzeit-Urlauber.

In einem Waschsalon findet man - du ahnst es bereits - Waschmaschinen und Trockner, die durch einen Münzautomaten betrieben werden. Optional stehen Waschmittel, Weichspüler und Wäscheparfüms zum Kauf, die zusätzliche Einnahmen in die Kasse spülen. Oft werden auch Möglichkeiten zur Unterhaltung angeboten, mit denen sich die Kunden die Zeit während des Waschvorgangs vertreiben können. Dazu zählt zum Beispiel die Bereitstellung von Internet, Streaming-Diensten oder Videospielen. Zudem können Automaten mit Getränken und Snacks den Kunden die Wartezeit versüßen und für eine weitere Einnahmequelle sorgen.

Dabei ist der Aufwand eines solchen Geschäftes für den Besitzer sehr gering, wenn ein externes Unternehmen mit der Reinigung der Flächen und dem Ausleeren der Kassen beauftragt wird. Akzeptiert man ausschließlich Kartenzahlungen oder Banknoten, verringert sich der benötigte Aufwand noch weiter.

Für Sicherheit sorgen meist Kameras und Notknöpfe, die im Falle einer entsprechenden Situation die nächstgelegene Polizeistelle sowie den Betreiber alarmieren. Überfälle und Einbrüche sind bei Waschsalons leider nicht selten, da sich auch oft in den späten Abendstunden Personen alleine in dem Geschäft befinden und außerdem Automaten mit Bargeld vorhanden sind.

Der Salon kann theoretisch rund um die Uhr geöffnet sein - für die Nachtstunden empfiehlt sich aus den genannten Gründen jedoch der ausschließliche Zugang per Chip oder Mitgliedskarte, um die Räumlichkeiten vor unbefugtem Zutritt zu schützen. Die Voraussetzung für den Start mit einem Waschsalon ist der Kauf oder die Miete geeigneter Räumlichkeiten, die nahe an potenziellen Kunden liegen - wie an einer Universität oder einem Stadtviertel mit günstigen und kleinen Wohnflächen.

STARTKAPITAL
SCHWIERIGKEIT
DAUER
KUNDEN
MARKETING
SUCHMASCHINEN
KARTENDIENST
WASCHSALON
WASCHMASCHINEN
TROCKNER
SNACKAUTOMAT
WARENAUTOMAT
PASSIVES EINKOMMEN

Unterricht, Weiterbildungen und Kurse

Im Leben lernt man nie aus – private oder berufliche Kurse sind nicht nur online im Video- oder Audioformat, sondern vor allem auch regional in klassischer Form gefragt. In dieser Idee für passives Einkommen schauen wir uns das Anbieten von beruflichen Aus- und Weiterbildungen, Seminaren sowie Unterricht wie beispielsweise für Sportarten und Musikinstrumente genauer an.

Voraussetzung dafür ist das Suchen von geeigneten Lehrkräften, die den Kunden das gewünschte Thema näher bringen. Diese können entweder als Mitarbeiter oder auch auf selbständiger Basis tätig sein. Außerdem ist der Besitz bzw. das Mieten geeigneter Räumlichkeiten erforderlich - es sei denn, der Unterricht findet im Zuhause der Kunden statt, wie es zum Beispiel oft bei Nachhilfe oder Musikunterricht der Fall ist. Oder vielleicht finden die Einheiten sogar überwiegend unterwegs statt, wie etwa bei einer Fahrschule. In manchen Fällen sind also eigene Räumlichkeiten nicht zwingend oder nur teilweise erforderlich.

Als Anbieter kümmert man sich nur um den Aufbau einer zielgruppenorientierten Website und verschiedenen automatisierten Marketing-Strategien im On- und Offline-Bereich, damit die Terminkalender der Lehrer und Lehrerinnen gefüllt sind. Alle weiteren Aufgaben werden automatisiert, durch externe Partner oder von den Lehrkräften selbst abgewickelt.

Passives Einkommen entsteht bei diesem Geschäftsmodell dadurch, indem die Lehrkräfte entweder als Mitarbeiter eingestellt werden oder auf Basis einer Provisionsvereinbarung arbeiten.

Aber auch ohne Personal und organisatorischem Aufwand kann man mit dieser Idee starten - zum Beispiel, indem man vorhandene Lehrgänge von selbständigen Anbietern gegen eine Vermittlungsgebühr an neue Kunden bringt. Dies könnte man wieder über eine eigene Website abwickeln oder Mitarbeiter bzw. virtuelle Assistenten mit dem Verkauf beauftragen.

Alternativ könnte man bestehende Lehrgänge anderer Anbieter auch als Erweiterung des eigenen Angebots nutzen.

STARTKAPITAL
SCHWIERIGKEIT
DAUER
KUNDEN
MARKETING
SUCHMASCHINEN
KURSBUCH
WEBSITE
UNTERRICHT
WEITERBILDUNGEN
KURSE
SEMINARE
LEHRKRÄFTE
VERMITTLUNG
PASSIVES EINKOMMEN

Baumaschinen verleihen

Aufgrund der steigenden Preise nehmen immer mehr Menschen die Bauarbeiten für die Errichtung oder den Umbau der eigenen vier Wände selbst in die Hand - oder probieren zumindest, so viel wie möglich ohne eine externe Baufirma selbst zu bewerkstelligen.

Dazu werden aber verschiedene Baumaschinen und -geräte benötigt, die nicht alle Privatpersonen in ihrer Garage haben - wie zum Beispiel einen Bagger bzw. Kran, Gerüste oder Container für Bauschutt. Während der Bezug dieser Gerätschaften über Baufirmen meist vergleichsweise teuer ist, bietet das Ausleihen über das Internet eine günstige Alternative.

Dafür gibt es bereits verschiedene Online-Plattformen und Apps, auf denen Privatpersonen und Unternehmen ihre Baumaschinen zur Miete anbieten können. Bauherren und Handwerker können diese preiswert und unkompliziert ausleihen - per Abholung oder Zustellung. Aber auch kleinere Baufirmen und Unternehmen sind oft auf die Miete von Baumaschinen und Geräte angewiesen und zählen somit ebenfalls zur Ziel- und Kundengruppe.

Wie auch bei dem Verleih in anderen Produktkategorien ist es wichtig, dass die Kunden einen guten Umgang mit den Geräten pflegen - schließlich sollen die Baumaschinen lange im Einsatz sein, da die Anschaffungskosten meist sehr hoch sind. Kontrollen oder fotografische Dokumentationen vor und nach dem Verleih tragen hier zur Langlebigkeit der Geräte bei.

Außerdem sind oft entsprechende Fachkenntnisse für die Bedienung gewisser Baumaschinen erforderlich - hier könnte man die Miete nur gegen einen entsprechenden Befähigungsnachweis oder ausschließlich in Kombination mit einer Einschulung anbieten.

Für passives Einkommen könnte man also eigene Baumaschinen über geeignete Online-Plattformen verleihen. Alternativ könnte man diese auch nur vermitteln und von Provisionen profitieren. Oder man baut eine eigene Plattform für das Verleihen von Baumaschinen auf und verdient an Mitgliedschaften, Einstellgebühren, Premium-Funktionen oder Werbeanzeigen.

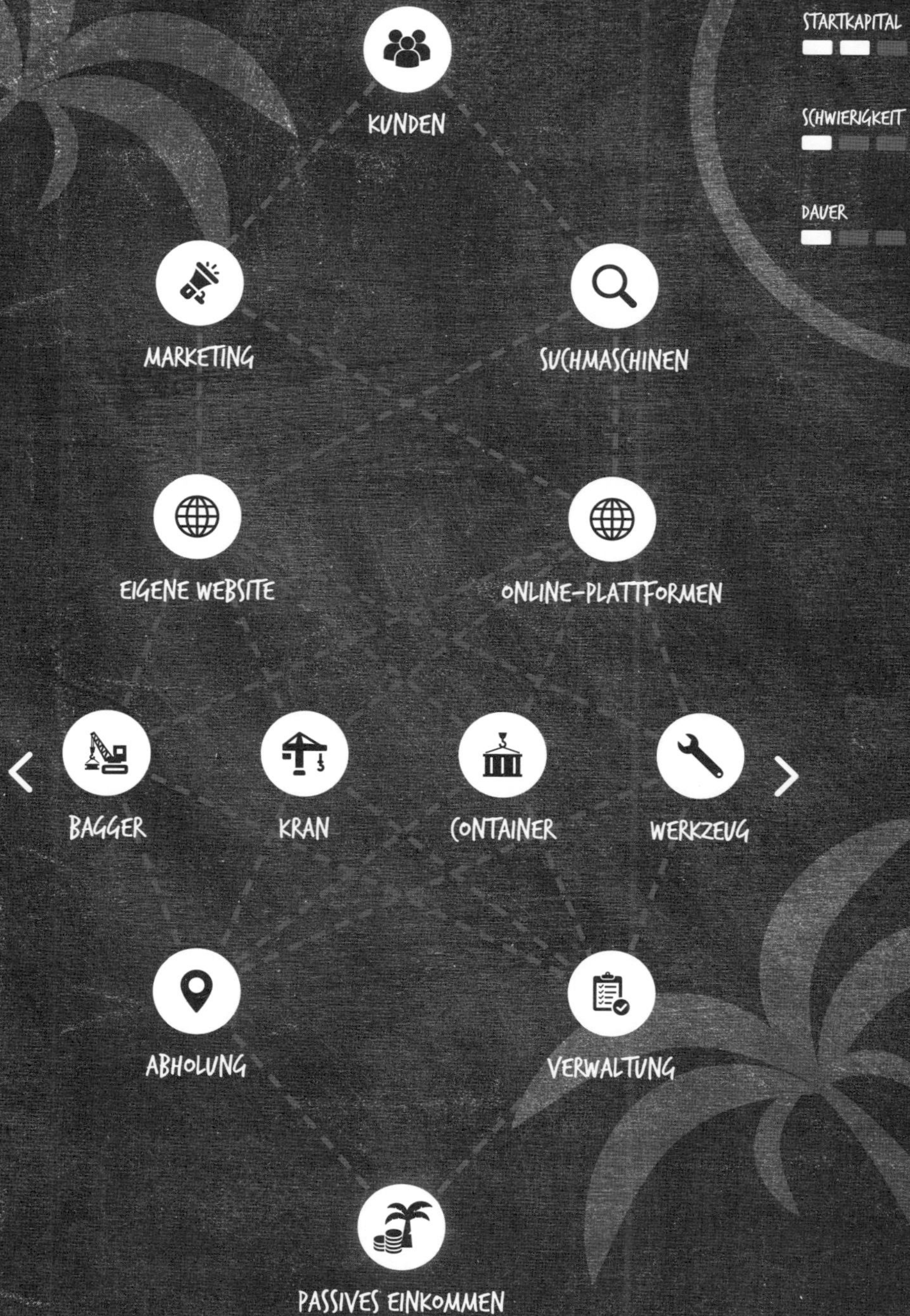
STARTKAPITAL
SCHWIERIGKEIT
DAUER
KUNDEN
MARKETING
SUCHMASCHINEN
EIGENE WEBSITE
ONLINE-PLATTFORMEN
BAGGER
KRAN
CONTAINER
WERKZEUG
ABHOLUNG
VERWALTUNG
PASSIVES EINKOMMEN

Monatliche Einnahmen durch Patreon

Für alle Leser, die es noch nicht kennen - Patreon ist eine Crowdfunding-Plattform, die es kreativen Menschen wie beispielsweise Künstler, Musiker, Blogger, Schriftsteller oder Filmproduzenten ermöglicht, durch die finanzielle Unterstützung ihrer Fans ganz ihrer Leidenschaft nachzugehen.

Wie auch auf normalen Crowdfunding-Websites können innovative Gründer und Kreative auf Patreon ein Projekt erstellen und ihre Werke oder Tätigkeit präsentieren. Das Ziel ist es, möglichst viele Unterstützer für das eigene Projekt zu gewinnen. Allerdings nicht durch eine einmalige Zahlung, sondern in Form einer regelmäßigen finanziellen Unterstützung. Hier liegt die Besonderheit dieser beliebten Plattform - Projektgründer können sich eine finanzielle Basis schaffen, die ihnen die Verwirklichung ihrer Träume ermöglicht.

Die Fans können dabei zwischen verschiedenen Tiers - also Stufen - auswählen. Diese unterscheiden sich in der Höhe der Zahlung und auch in der Gegenleistung, die der Projektgründer dafür gewährt. Solche Aufmerksamkeiten sind oft namentliche Nennungen der Unterstützer, exklusive Einblicke hinten die Kulissen oder sogar ein persönliches Treffen und Abendessen mit dem Projektgründer.

Auf der Plattform zahlen Unterstützer die ausgewählte Summe jedes Mal, wenn ein neues Werk vom jeweiligen Projektgründer veröffentlicht wird. So erhält zum Beispiel ein Saxofonist pro fertig produzierten Song die ausgewählte Summe von jedem seiner Unterstützer - unmittelbar nachdem ein neues Werk auf der Plattform veröffentlicht wurde. Prinzipiell ist Patreon also nicht für passives Einkommen konzipiert, sondern für regelmäßige Arbeiten und Veröffentlichungen des Gründers.

Da man die Anzahl der Werke und die Höhe der angebotenen Unterstützungsstufen aber selbst entscheiden kann, legt man ebenso seinen Arbeitsumfang selbst fest. So können zum Beispiel mehrere Werke vorab produziert und über Monate oder Jahre in regelmäßigen Abständen veröffentlicht werden, während sich ein virtueller Assistent mit dem Marketing beschäftigt. Auf diese Weise lässt sich auch diese Plattform für passives Einkommen nutzen.

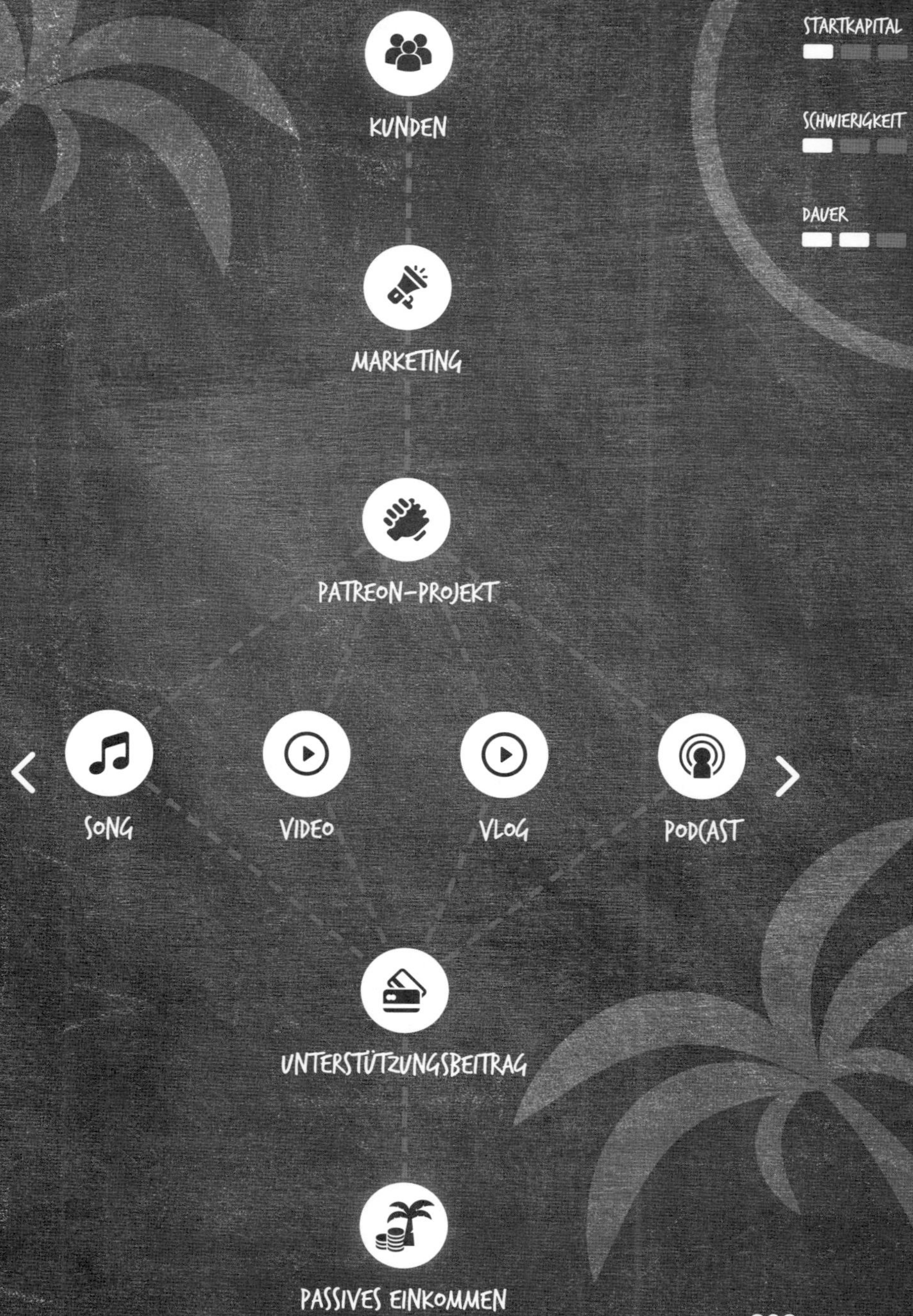

STARTKAPITAL
SCHWIERIGKEIT
DAUER
KUNDEN
MARKETING
PATREON-PROJEKT
SONG
VIDEO
VLOG
PODCAST
UNTERSTÜTZUNGSBEITRAG
PASSIVES EINKOMMEN

Eigenes Online-Bezahlsystem

Ein anspruchsvolles Geschäftsmodell, das enormes Potenzial für passives Einkommen verspricht, ist das Erstellen einer eigenen Bezahlmethode für bargeldlose Transaktionen im Internet.

International erfolgreiche und bekannte Systeme sind zum Beispiel PayPal, Stripe, Klarna, Apple Pay und Amazon Pay. Sie erleichtern Kunden das Einkaufen in Online-Shops sowie sie auch immer mehr in anderen Bereichen dabei helfen, Transaktionen unkompliziert abzuwickeln. Die Beliebtheit dieser Anbieter erklärt der zeitliche Vorteil gegenüber klassischen Bezahlmethoden, wie zum Beispiel der manuellen Überweisung oder Lastschriftzahlung.

Dem Verkäufer wird der Betrag in der Regel sofort gutgeschrieben und Geschäfte können ohne zahlungsbedingte Verzögerungen stattfinden. Zusätzlich vermitteln die Anbieter den Kunden durch ihre Reputation Sicherheit. Das ist vor allem bei kleinen und unbekannten Online-Shops wichtig, um Vertrauen bei Erstkäufern herzustellen und dadurch die Absprungrate signifikant zu verringern.

Außerdem locken einige Systeme mit speziellen Zusatzleistungen für Kunden. Ein Beispiel ist der kostenlose Käuferschutz von PayPal - wenn eine Bestellung einmal nicht geliefert wird oder der gekaufte Artikel wesentlich von der Beschreibung abweicht, hilft der Online-Bezahldienst bei der Lösung des Konfliktes.

Insofern man also die Erstellung eines eigenen Systems in Erwägung zieht, sollte man über konkrete Vorteile für Kunden nachdenken, die sie zur regelmäßigen Nutzung der Bezahlmethode bewegen. Andernfalls weist die Entwicklung einer neuen Lösung nur wenig Marktpotenzial auf, wenn sie sich nicht durch ein Alleinstellungsmerkmal vom Wettbewerb differenziert.

Der Weg zum eigenen, etablierten Zahlungsdienst kann lang und schwer sein, überzeugt aber hinsichtlich der großartigen Möglichkeiten für passives Einkommen. So könnte man einerseits bei jeder getätigten Zahlung an einer festgelegten oder anteiligen Gebühr mitverdienen, andererseits aber auch einen monatlichen Nutzungsbeitrag bei Geschäftskunden berechnen.

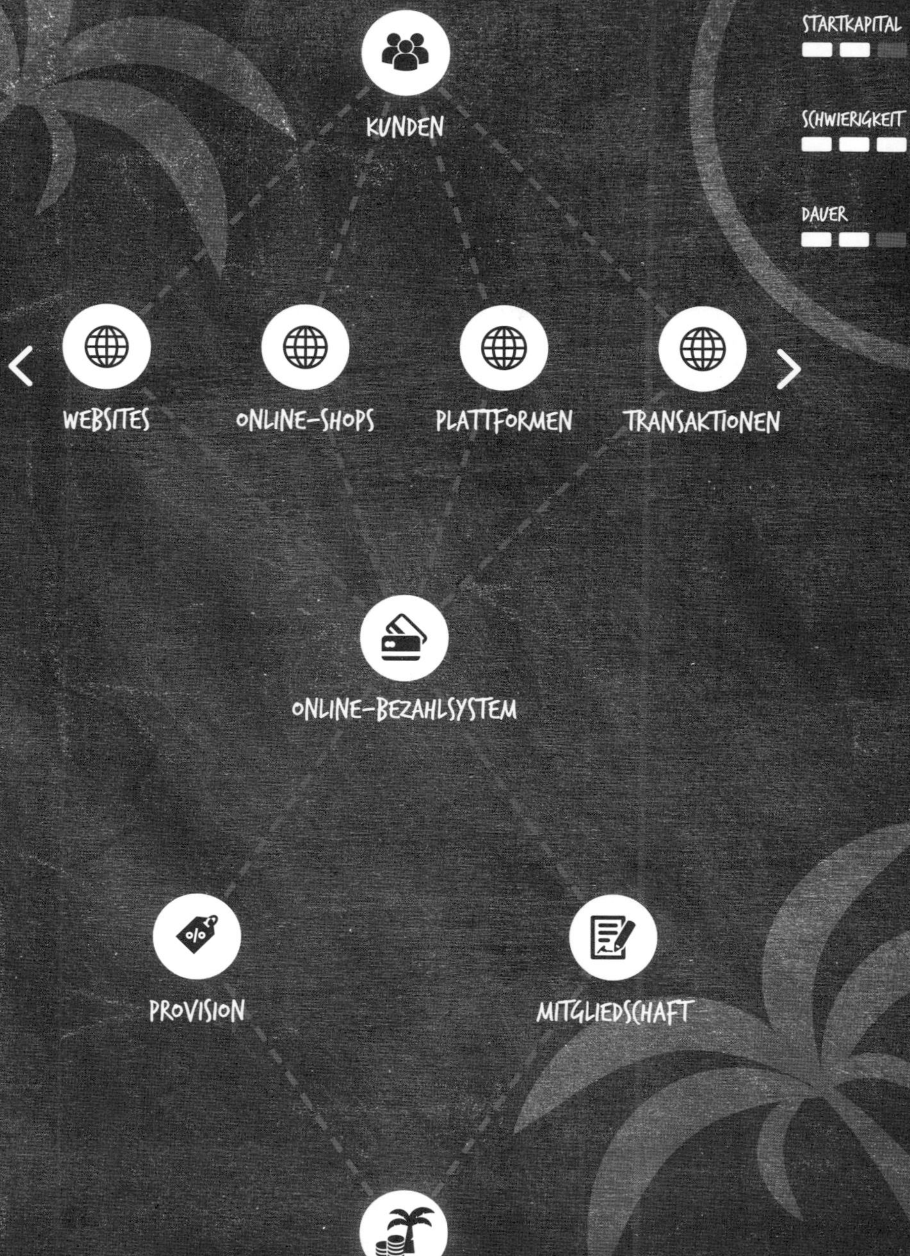
STARTKAPITAL
SCHWIERIGKEIT
DAUER
KUNDEN
WEBSITES
ONLINE-SHOPS
PLATTFORMEN
TRANSAKTIONEN
ONLINE-BEZAHLSYSTEM
PROVISION
MITGLIEDSCHAFT
PASSIVES EINKOMMEN

Direktvertrieb mit Abonnement

Produkte direkt vor die eigene Haustüre - das war zumindest bis vor dem Boom des Online-Handels noch ein echter Luxus. Aber auch heute noch kann sich ein Geschäftsmodell im Direktvertrieb mit regelmäßiger Belieferung der Kunden lohnen.

Ein international bekanntes Unternehmen und ein Beispiel für einen erfolgreichen Direktvertrieb ist Bofrost. Tiefkühlkost und Speiseeis wird von unzähligen Standorten aus direkt mit Kühlfahrzeugen an die Kunden geliefert. Da man heutzutage fast alles online bestellen kann, ergibt der Aufbau eines Unternehmens im Direktvertrieb meist nur dann Sinn, wenn man sich auf einen der wenigen Bereiche fokussiert, die noch nicht überwiegend online bestellt werden.

Lebensmittel sind ein gutes Beispiel dafür - obwohl sich auch Supermärkte immer mehr auf E-Commerce fokussieren und ihren Kunden teilweise bereits die kostenlose Lieferung von Lebensmittel vor die Wohnungstür anbieten.

Ein weiteres Beispiel wäre der Vertrieb von nicht verschreibungspflichtigen Medikamenten und Arzneimitteln - diese werden auch eher selten online bezogen. Vor allem für ältere und pflegebedürftige Menschen wäre das Angebot einer regelmäßigen Lieferung an die Haustüre eine große Erleichterung für den Alltag. Dieses Potenzial blieb natürlich nicht vor allen Apotheken und Branchen-Insidern verborgen und so gibt es auch in diesem Bereich einige Unternehmen, die mit diesem Geschäftsmodell erfolgreich einen Nischenmarkt bedienen.

Denke also selbst über mögliche Branchen abseits des E-Commerce nach, in der eine regelmäßige Belieferung im Abonnement für die Zielgruppe von Interesse sein könnte. Damit dieses Geschäftsmodell anschließend passives Einkommen erwirtschaftet, benötigt es Mitarbeiter oder einen externen Dienstleister für die Belieferung der Kunden. Zusätzlich könnte man, sobald ein Logistik- und Kundennetzwerk aufgebaut wurde, anderen Unternehmen den Direktvertrieb ihrer Produkte gegen eine Provision anbieten - diese profitieren von einem zusätzlichen Vertriebsweg, während man das eigene Sortiment ohne Kosten erweitern kann.

STARTKAPITAL
SCHWIERIGKEIT
DAUER
KUNDEN
MARKETING
SUCHMASCHINEN
TÜRVERKAUF
ONLINE-SHOP
WEBSITE
ABONNEMENT
MITARBEITER
LIEFERSERVICE
PASSIVES EINKOMMEN

Eigene CMS-Software entwickeln

Als letzte Idee in diesem Buch möchte ich noch eine richtige Königsdisziplin vorstellen: Das Entwickeln einer eigenen CMS-Software für das Erstellen von Websites oder Blogs.

Gemeint ist das Content-Management-System, das den einfachen Aufbau und die leichte Verwaltung einer Website oder eines Blogs durch Kunden ermöglicht. Solche Systeme zeichnen sich vor allem durch eine hohe Benutzerfreundlichkeit aus und erlauben es auch ohne Programmierkenntnisse, sich im Handumdrehen eine ansprechende Internet-Präsenz zu gestalten.

Sehr bekannte und etablierte CMS-Anbieter sind zum Beispiel WordPress oder Jimdo. Aber auch Softwares für den Aufbau und die Verwaltung eines Online-Shops sind nicht zu vergessen - international erfolgreiche Systeme sind Magento, Shopify und PrestaShop.

Voraussetzung für den Start eines eigenen Systems sind allerdings Programmierkenntnisse auf Expertenstatus oder das notwendige Kleingeld zum Beauftragen einer Software- bzw. IT-Agentur. Während man sich für die Realisierung von sehr einfachen CMS-Systemen die notwendigen Kenntnisse mit Online-Kursen und der entsprechenden Geduld meist selbst aneignen kann, benötigt es für große Systeme je nach Komplexität und Umfang meist einen spendablen Investor und ein ganzes Entwicklerteam.

Da es schon viele gute CMS-Anbieter im Internet gibt, sollte ein neues System unbedingt ein unverwechselbares Alleinstellungsmerkmal mitbringen oder sich zumindest auf eine spezielle Zielgruppe fokussieren - dadurch erhöht man die Chancen, das System schnell am Markt zu etablieren.

Anschließend stehen als Anbieter eines Website- oder Shopsystems viele Möglichkeiten für passives Einkommen offen. So könnte man zum Beispiel die kostenlose Nutzung für Kunden anbieten, während Werbeanzeigen auf deren erstellten Homepages eingeblendet oder kostenpflichtige Templates und Plug-ins benötigt werden. Für E-Commerce-Plattformen sind hingegen monatliche Nutzungsgebühren und Beteiligungen am Umsatz beliebt.

STARTKAPITAL
SCHWIERIGKEIT
DAUER
KUNDEN
MARKETING
SUCHMASCHINEN
EMPFEHLUNGEN
WEBSITE
CMS-SOFTWARE
ONLINE-SHOP-SOFTWARE
WERBUNG
ADD-ONS
ABONNEMENT
UMSATZBETEILIGUNG
PASSIVES EINKOMMEN

Zeit für deine Erfolgsgeschichte

Schön, dich hier zu sehen – auf den letzten Seiten des Buchs.

Ich hoffe, dass eine oder mehrere Ideen für dich zur Umsetzung infrage kommen und ich dir die notwendige Inspiration geben konnte, eines der Geschäftsmodelle für deinen Erfolg zu starten. Oder vielleicht hast du sogar eigene Ideen bzw. Abwandlungen für passives Einkommen gefunden und sie bereits auf den nachfolgenden Seiten notiert?

Wie du gesehen hast, gibt es sehr viele Möglichkeiten und Wege, um - früher oder später - Einkommen ohne Aufwand zu erlangen. Die Entscheidung, wie du diese Ideen nutzt und dadurch deine Lebensqualität und Freizeit steigerst, lege ich nun in deine Hände.

Durch den Kauf dieses Buchs und das Lesen bis zum Ende hast du bereits deine Willenskraft und Entschlossenheit unter Beweis gestellt - und dass du Dinge durchziehst. Du gehörst definitiv zu den Umsetzungstypen, die nicht nur von ihren Zielen träumen, sondern an ihren Zielen und Träumen arbeiten - und dafür schätze und respektiere ich dich. Nur, wie geht deine Geschichte jetzt weiter?

Nimmst du deinen Mut zusammen und startest ein Unternehmen für passives Einkommen oder wartet dieses Buch als Nachschlagewerk für einen späteren Zeitpunkt in deinem Bücherregal? Beides ist okay, aber ich würde dir jedenfalls Ersteres empfehlen. Oder aber hast du bereits ein Unternehmen gegründet und bist auf der Suche nach einem neuen Abenteuer oder der Automatisierung bestehender Einnahmequellen?

Auf jeden Fall ist es Zeit für deinen Erfolg - oder besser gesagt - es ist an der Zeit, dass du viel freie Zeit durch deinen Erfolg erlangst.

Sei mutig mit deinen Ideen und höre mehr auf deine innere Stimme und dein Bauchgefühl, anstatt dich von äußeren Faktoren beeinflussen und außenstehende Personen über deine Pläne urteilen zu lassen. Warte mit dem Start einer Idee nicht auf den perfekten Zeitpunkt - es werden nie alle Zeichen richtig stehen und womöglich verwirklicht sich jemand anderes in der Zwischenzeit deinen

Traum mit einer gleichen oder ähnlichen Idee. Auch ich habe anfangs oft den Fehler gemacht, mich zu sehr von äußeren Faktoren beeinflussen zu lassen - infolgedessen habe ich die ein oder andere Idee nicht weiter verfolgt, die mittlerweile erfolgreich am Markt ist.

Versuche außerdem Geschäftsmodelle stets aus Kundensicht zu bewerten und nicht ausschließlich aus persönlichen Ansichten oder Vorlieben zu denken. Schließlich soll im Idealfall die Zielgruppe dein Produkt kaufen und lieben, nicht nur du selbst. Es ist viel einfacher, eine Lösung für eine Zielgruppe zu finden, als eine Zielgruppe für dein Produkt - hier liegt der besondere Unterschied, der meist über den Erfolg einer Idee entscheidet.

Mit einer stetig wachsenden Konkurrenz und einer Vielzahl an neuen Unternehmen gewinnt auch das Wort Nische immer mehr an Bedeutung. Die Fokussierung auf eine kleine, spezifische Zielgruppe verspricht ein schnelleres Wachstum und höhere Erfolgschancen - deshalb wurde ich auch nicht müde, es bei den verschiedenen Ideen für passives Einkommen stets wieder zu empfehlen.

Viele der heutigen Erfolgsstorys zeichnen sich eben durch eine solche Ausrichtung auf eine Nische aus - jedoch kann man sich je nach Idee und Budget aber natürlich auch an eine größere Zielgruppe oder gar an alle Menschen weltweit richten. Was spricht immerhin gegen hohe Ziele? Absolut nichts - ich bin hier der Letzte, der deinen Träumen und Zielen irgendein Limit setzen will. Das einzige Limit ist jenes, das du dir selbst in Gedanken schaffst. Vor dir liegt die ganze Welt - werde das, was du werden willst, mache das, worauf du Lust hast und verbringe deine Zeit dort, wo du glücklich bist!

Und mit diesen abschließenden Worten beginnt nun deine Erfolgsgeschichte - starte jetzt durch dieses Buch in die Umsetzung, arbeite an deinen eigenen Ideen oder passe vorhandene Methoden deinen Gegebenheiten und Vorstellungen an, bleib motiviert und schaffe passive Einnahmequellen, die dir bald das Leben deiner Träume ermöglichen.

Dieses wünsche ich dir von Herzen!

NOTIZEN

DEINE IDEEN FÜR PASSIVES EINKOMMEN

Idee für passives Einkommen

STARTKAPITAL

SCHWIERIGKEIT

DAUER

KUNDEN

PASSIVES EINKOMMEN

Idee für passives Einkommen

STARTKAPITAL

SCHWIERIGKEIT

DAUER

KUNDEN

PASSIVES EINKOMMEN

Idee für passives Einkommen

STARTKAPITAL

SCHWIERIGKEIT

DAUER

KUNDEN

PASSIVES EINKOMMEN

Idee für passives Einkommen

STARTKAPITAL

SCHWIERIGKEIT

DAUER

KUNDEN

PASSIVES EINKOMMEN

Idee für passives Einkommen

KUNDEN

STARTKAPITAL

SCHWIERIGKEIT

DAUER

PASSIVES EINKOMMEN

Idee für passives Einkommen

STARTKAPITAL

SCHWIERIGKEIT

DAUER

KUNDEN

PASSIVES EINKOMMEN

Idee für passives Einkommen

KUNDEN

STARTKAPITAL

SCHWIERIGKEIT

DAUER

PASSIVES EINKOMMEN

Idee für passives Einkommen

STARTKAPITAL

SCHWIERIGKEIT

DAUER

KUNDEN

PASSIVES EINKOMMEN

Idee für passives Einkommen

STARTKAPITAL

SCHWIERIGKEIT

DAUER

KUNDEN

PASSIVES EINKOMMEN

Idee für passives Einkommen

STARTKAPITAL

SCHWIERIGKEIT

DAUER

KUNDEN

PASSIVES EINKOMMEN

Idee für passives Einkommen

STARTKAPITAL

SCHWIERIGKEIT

DAUER

KUNDEN

PASSIVES EINKOMMEN

Idee für passives Einkommen

STARTKAPITAL

SCHWIERIGKEIT

DAUER

KUNDEN

PASSIVES EINKOMMEN

Idee für passives Einkommen

STARTKAPITAL

SCHWIERIGKEIT

DAUER

KUNDEN

PASSIVES EINKOMMEN

Idee für passives Einkommen

STARTKAPITAL

SCHWIERIGKEIT

DAUER

KUNDEN

PASSIVES EINKOMMEN

Idee für passives Einkommen

KUNDEN

STARTKAPITAL

SCHWIERIGKEIT

DAUER

PASSIVES EINKOMMEN

Weitere Bücher von Marco Perner

MIT STRATEGIE ZU MEHR WACHSTUM UND ERFOLG:

10 DISZIPLINEN MIT ZAHLREICHEN TIPPS UND TRICKS FÜR GROWTH HACKING

Broschiert | 268 Seiten

ISBN: 978-3-9519927-4-7

www.marcoperner.de

Weitere Bücher von Marco Perner

VON DER AKQUISE BIS ZUM KAUFABSCHLUSS:

25 PHASEN UND PRINZIPIEN FÜR ERFOLGREICHEN VERTRIEB UND VERKAUF

9 783951 992730

Broschiert | 218 Seiten
ISBN: 978-3-9519927-3-0
www.marcoperner.de

Weitere Bücher von Marco Perner

MEHR BEKANNTHEIT, MEHR KUNDEN, MEHR UMSATZ

50 EFFIZIENTE, GEWINNBRINGENDE MARKETINGSTRATEGIEN

9 783951 992723

Broschiert | 246 Seiten

ISBN: 978-3-9519927-2-3

www.marcoperner.de

Weitere Bücher von Marco Perner

DAS BUCH DER 1000 GESCHÄFTSIDEEN

INNOVATIVE IDEEN ZUR GRÜNDUNG VON START-UPS, UNTERNEHMEN, ONLINE-SHOPS UND APPS

9 783951 992709

Broschiert | 314 Seiten

ISBN: 978-3-9519927-0-9

www.marcoperner.de

Dir gefällt das Buch?

Dann würde ich mich sehr freuen, wenn du deine Erfahrung in Form einer Bewertung veröffentlichst. Markiere mich auch gerne auf Social-Media-Plattformen, damit ich deinen Beitrag teilen kann! Solltest du hingegen Anregungen und Verbesserungsvorschläge haben, möchte ich diese auf jeden Fall in der nächsten Auflage berücksichtigen:

buch@marcoperner.com